Lecture Notes in Physics

Edited by H. Araki, Kyoto, J. Ehlers, München, K. Hepp, Zürich
R. Kippenhahn, München, H.A. Weidenmüller, Heidelberg,
J. Wess, Karlsruhe and J. Zittartz, Köln
Managing Editor: W. Beiglböck

265

N. Straumann

Thermodynamik

Springer-Verlag
Berlin Heidelberg GmbH

Autor

Norbert Straumann
Institut für Theoretische Physik der Universität Zürich
Schönberggasse 9, CH-8001 Zürich

ISBN 978-3-662-13600-3   ISBN 978-3-540-47236-0 (eBook)
DOI 10.1007/978-3-540-47236-0

2153/3140-543210

V O R W O R T

   An der Universität Zürich wird der Kurs über Wärmetheorie nach
wie vor zweigeteilt. Der Statistischen Mechanik stellen wir eine 1-se-
mestrige 3-stündige Vorlesung über phänomenologische Thermodynamik und
kinetische Gastheorie voran. Dieser etwas altmodische Zugang hat immer
noch unbestreitbare Vorzüge - ganz abgesehen davon, dass die Thermodynamik bis heute nicht in wirklich befriedigender Weise statistisch begründet worden ist.

   Das vorliegende Bändchen enthält die fast unveränderten Noti-
zen, die ich den Studierenden zum thermodynamischen Teil des Kurses
verteilt habe, um ihnen das Mitschreiben zu ersparen. Bei deren Abfassung habe ich nicht an eine weitere Verbreitung gedacht. Jürgen Ehlers
hatte zufällig Einsicht in das Manuskript und wünschte, dieses in die
Lecture Notes aufzunehmen.

   Die phänomenologische Thermodynamik wird von Dozenten und Stu-
denten mit Recht immer wieder als eine Disziplin empfunden, die zwar
mathematisch anspruchslos, aber begrifflich doch recht subtil ist. Hinzu kommt, dass diese Theorie anderen Gebieten der theoretischen Physik
in ihrem ganzen Aufbau fremdartig gegenübersteht. Für die meisten Studierenden ist es vernünftig, nicht zu viel Zeit in das Studium der
Thermodynamik zu investieren und sich möglichst rasch der Statistischen
Mechanik zuzuwenden. Ich hoffe, dass die vorliegenden Vorlesungsnotizen
dies erleichtern und trotzdem eine klare Darstellung der Grundlagen der
Theorie und einige ihrer wichtigen Anwendungen vermitteln. Bei einem
so klassischen Gegenstand ist es schwierig, originell zu sein. Wenn gegenüber anderen Darstellungen einige Verbesserungen erzielt worden sein
sollten, so dürfte dies hauptsächlich auf neueren Beiträgen von J.M.
Jauch und A.S. Wightman beruhen.

   J. Ehlers danke ich für eine Reihe von Verbesserungsvorschlä-
gen. Meinen Mitarbeitern Ruth Durrer und Markus Heusler bin ich für die
Suche nach Schreibfehlern und die Anfertigung des Sachwortverzeichnis-
ses zu Dank verpflichtet. Danken möchte ich auch Frau D. Oeschger für
ihre Mühe beim Tippen des Manuskripts.

Zürich, August 1986

INHALTSVERZEICHNIS

E i n l e i t u n g
____

> "Eine Theorie ist desto eindrucksvoller, je grösser die
> Einfachheit ihrer Prämissen ist, je verschiedenartigere
> Dinge sie verknüpft und je weiter ihr Anwendungsbereich
> ist. Deshalb der tiefe Eindruck, den die klassische
> Thermodynamik auf mich machte. Es ist die einzige phy-
> sikalische Theorie allgemeinen Inhalts, von der ich über-
> zeugt bin, dass sie im Rahmen der Anwendbarkeit ihrer
> Grundbegriffe niemals umgestossen wird (zur besonderen
> Beachtung der grundsätzlichen Skeptiker)."
>
> A. Einstein

Die Thermodynamik ist ursprünglich aus den Bedürfnissen des
Dampfmaschinenbaues hervorgegangen.

In dieser Vorlesung behandeln wir die Thermodynamik der
Gleichgewichtszustände (Thermostatik). Es ist dies eine Rahmen-
theorie für makroskopische Materialien, welche von deren spezifischen Eigenschaften unabhängig ist. In der Thermostatik wird kein
Bezug auf die atomistische Struktur der Materie genommen. Insbesondere macht man sich keine Vorstellungen über die Natur der
Wärme.

Die Prinzipien der Theorie beruhen auf einer gedanklichen
Analyse von wenigen einfachen (alltäglichen) Erfahrungstatsachen,
die durch zahllose Experimente gesichert sind. Die Theorie führt
deshalb nur zu allgemeinen, aber dafür sicheren Gesetzmässigkei-
ten für (alle) Erscheinungen, bei denen Wärme und Temperatur
eine Rolle spielen. Der Grad der Sicherheit zeigt sich z.B. da-
rin, dass die Thermodynamik von der Quantenrevolution nicht be-
rührt wurde. (Auf gewisse Unterschiede, welche sich in der Speziellen und in der Allgemeinen Relativitätstheorie ergeben, gehen
wir in dieser Vorlesung nicht ein.)

Die vielfältigen speziellen Eigenschaften der verschieden-
sten makroskopischen physikalischen Systeme können grundsätzlich
erst von der statistischen Mechanik erklärt werden. Diese Theorie
liefert auch eine atomistische Begründung der Thermodynamik.
Trotzdem hat aber die phänomenologische Thermodynamik ihren ei-
genen, unvergänglichen Wert (was auch von den zukünftigen Mit-
telschullehrern besonders beachtet werden sollte).

K A P I T E L   I .   MATHEMATISCHE HILFSMITTEL

In der Thermodynamik werden nur bescheidene mathematische Hilfsmittel benötigt. Besonders wichtig ist der Begriff der Differentialform, sowie die Legendre-Transformation von konvexen Funktionen.

Für detailliertere Ausführungen und gewisse Beweise verweise ich gelegentlich mit dem Zeichen [F,#] auf das folgende Buch:

W. Fleming, Functions of Several Variables, Springer-
Verlag 1977.

1. Lineare Differentialformen

Obschon der Begriff des Differentials einer Funktion (allgemeiner einer Abbildung) aus der Analysis geläufig sein sollte, erinnere ich an die genaue

DEFINITION: SEI U OFFEN IN $\mathbb{R}^n$ UND f : U $\longrightarrow$ R EINE FUNKTION. DIESE HEISST DIFFERENZIERBAR IN x , WENN ES EINE LINEARE ABBILDUNG A: $\mathbb{R}^n \longrightarrow \mathbb{R}$ GIBT, SO DASS

$$f(x+h) = f(x) + Ah + o(h) , \quad \lim_{h \to 0} o(h)/|h| = 0 .$$

A ist (falls es existiert) eindeutig bestimmt und ist das Differential von f im Punkte x , welches wir mit df(x) bezeichnen. f ist differenzierbar in U , wenn es in jedem x $\in$ U differenzierbar ist.

Das Differential df ist also eine Abbildung

$$df : U \longrightarrow L(\mathbb{R}^n, \mathbb{R}) = (\mathbb{R}^n)^* .$$

Wir betrachten speziell die Funktionen r^i, $r^i(x^1,..,x^n) = x^i$, i = 1,.., n . Die dr^i bilden eine Basis von $(\mathbb{R}^n)^*$, welche zur kanonischen Basis $\{e_1,..,e_n\}$ des $\mathbb{R}^n$ dual ist, d.h. es ist

$$dr^i \, e_j = \delta^i_j . \tag{1.1}$$

Die Grösse df(x).h ist die Richtungsableitung von f in Richtung h und es gilt

$$df(x) \cdot h = \frac{\partial f}{\partial x^i}(x) \, h^i = \frac{\partial f}{\partial x^i} \, dr^i \, h$$

(über doppelt vorkommende Indizes wird stets summiert). Deshalb ist

$$df(x) = \frac{\partial f}{\partial x^i}(x) \, dr^i(x) .$$

Statt dx^i schreibt man auch etwas inkonsequent dx^i und erhält damit den Anschluss an die klassische Schreibweise:

$$df = \frac{\partial f}{\partial x^i} dx^i . \tag{1.2}$$

Man beachte, dass die dx^i aber nicht "infinitesimale" Grössen sind, sondern wohldefinierte Linearformen.

Die Zuordnung $x \longmapsto df(x)$ definiert eine spezielle Differentialform. Der allgemeine Begriff ist wie folgt erklärt.

DEFINITION: EINE IN U DEFINIERTE LINEARE DIFFERENTIALFORM (DIFFE-RENTIALFORM VOM GRADE 1, PFAFFESCHE FORM) IST EINE ABBILDUNG

$$\omega : U \longrightarrow (\mathbb{R}^n)^* . \tag{1.3}$$

DIESE HEISST VON DER KLASSE C^n , WENN DIE ABBILDUNG (3) VON DER KLASSE C^n $(n \geqslant 0)$ IST.

Das Produkt einer Funktion f mit einer 1-Form ω ist punktweise erklärt,

$$(f\omega)(x) = f(x)\,\omega(x)$$

und gibt wieder eine 1-Form.

ω können wir nach der Basis dx^i zerlegen :

$$\omega = \omega_i \, dx^i . \tag{1.4}$$

Ist ω von der Klasse C^n , so sind die ω_i Funktionen der Klasse C^n.

Wir nennen ω exakt, falls eine Funktion f existiert, so dass $\omega = df$ ist. Falls U zusammenhängend ist, ist f bis auf eine Konstante eindeutig. Notwendig für die Exaktheit von ω ist offensichtlich die Bedingung [1]

$$\frac{\partial \omega_i}{\partial x_j} - \frac{\partial \omega_j}{\partial x^i} = 0 . \tag{1.5}$$

Falls ω die Gl. (5) erfüllt, nennen wir die Differentialform geschlossen.

---

[1] Die Operation d kann man auf Differentialformen (beliebiger Stufe) ausdehnen. Die Bedingung (5) lautet dann

$$d\omega = 0 . \tag{1.5'}$$

Es sei γ eine stückweise glatte Kurve in U . Dann ist das Integral

$$\int_a^b \omega(\gamma(t)) \cdot \dot{\gamma}(t)\, dt\ ,\tag{1.6}$$

bei gegebener Orientierung von γ , unabhängig von der Parametrisierung $t \longmapsto \gamma(t)$, $t \in [a,b]$, der Kurve γ und ist das __Linienintegral__ von ω längs γ . Wir bezeichnen dieses mit

$$\int_\gamma \omega.\tag{1.7}$$

Bei einer Umorientierung des Weges γ (Bezeichnung $-\gamma$) gilt

$$\int_{-\gamma} \omega = - \int_\gamma \omega.\tag{1.8}$$

Ist ω exakt, $\omega = df$, so gilt

$$\int_\gamma df = f(\text{Endpunkt}) - f(\text{Anfangsp.}).\tag{1.9}$$

Der folgende Satz ist wichtig (insbesondere für die Thermodynamik).

__SATZ 1.__ ES SEI $U \subset \mathbb{R}^n$ OFFEN UND ω EINE 1-FORM MIT DEFINITIONSBEREICH U . DIE FOLGENDEN AUSSAGEN SIND AEQUIVALENT:

(i) ω IST EXAKT.

(ii) FUER JEDE GESCHLOSSENE KURVE γ IN U GILT

$$\int_\gamma \omega = 0.$$

(iii) SIND γ_1, γ_2 ZWEI KURVEN IN U MIT DENSELBEN ANFANGS- UND ENDPUNKTEN, SO GILT

$$\int_{\gamma_1} \omega = \int_{\gamma_2} \omega.$$

Für den einfachen Beweis siehe [F, Theorem 6.1].

Mit Hilfe des Stokesschen Satzes beweist man (siehe [F, Theorem 8.4]) den

__SATZ 2.__ WENN U EINFACH ZUSAMMENHAENGEND IST, DANN IST JEDE GESCHLOSSENE 1-FORM (MIT BEREICH U) IN U EXAKT.

In Kapitel II wird sich zeigen, dass die einem System reversibel zugeführte Wärme durch eine 1-Form beschrieben wird. Diese ist nicht exakt, besitzt aber einen integrierenden Faktor im Sinne der folgenden

__DEFINITION:__ EINE FUNKTION g IN U , MIT $g(x) \neq 0$ FUER ALLE $x \in U$, IST EIN __INTEGRIERENDER FAKTOR__ DER 1-FORM ω , FALLS $g\omega$ EXAKT IST, d.h. WENN GILT

$$g\omega = df\tag{1.10}$$

FUER EINE FUNKTION f .

Ein für die Thermodynamik wichtiges Kriterium für die Existenz
eines integrierenden Faktors werden wir im Anhang zu Kap. II beweisen.
Interessant ist auch das folgende Kriterium von Frobenius (welches wir
jedoch nicht benötigen).

<u>SATZ 3.</u> a) FALLS ω EINEN INTEGRIERENDEN FAKTOR HAT, SO GILT [2]

$$\omega_i \left(\frac{\partial \omega_j}{\partial x^k} - \frac{\partial \omega_k}{\partial x^j} \right) + \text{zykl.Vert. von } (i,j,k) = 0. \qquad (1.11)$$

b) GILT UMGEKEHRT DIE GL. (11), DANN GIBT ES ZU JEDEM $x_0 \in$ U MIT
   $\omega(x_0) \neq 0$ EINE UMGEBUNG D , SO DASS ω IN D EINEN INTEGRIE-
   RENDEN FAKTOR HAT.

<u>Beweis:</u> a) Nach (10) ist $\omega_i = \frac{1}{g} \frac{\partial f}{\partial x^i}$. Setzt man dies in die linke
Seite von (11) ein, so heben sich die Terme paarweise weg. Wesentlich
schwieriger ist die Umkehrung b). Den Beweis dafür findet man in
[F, §7.10]. □

In thermodynamischen Anwendungen müssen wir Differentialformen
häufig auf neue Koordinaten transformieren. Wir betrachten hier etwas
allgemeiner eine differenzierbare Abbildung φ: M ⟶ N von einem
offenen Gebiet $M \subset \mathbb{R}^m$ nach $N \subset \mathbb{R}^n$. Auf einem offenen Gebiet U ⊃ N
sei eine 1-Form ω definiert.

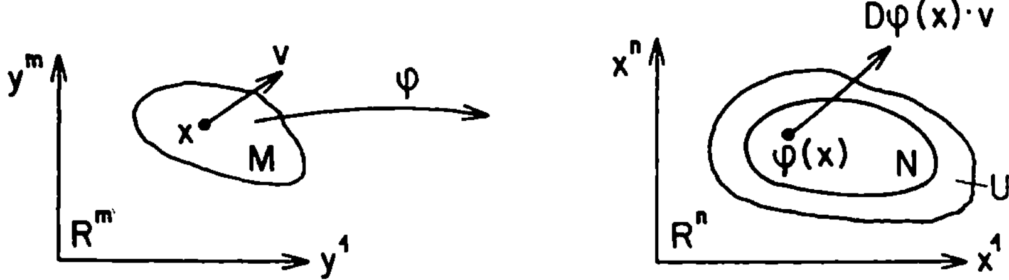

<u>Fig. 1.1</u>
Bezeichnet Dφ(x) das Differential [3] von φ im Punkte $x \in$ M ,
so können wir die 1-Form ω wie folgt auf M "zurückziehen" (vgl.
Fig. 1.1):

$$(\varphi^* \omega)(x) \cdot v = \omega(\varphi(x)) \cdot D\varphi(x) v . \qquad (1.12)$$

---

[2] Im äusseren Formenkalkül lautet die Bedingung

$$\omega \wedge d\omega = 0. \qquad (1.11')$$

[3] siehe nächste Seite.

Offensichtlich ist die induzierte Abbildung additiv

$$\varphi^*(\omega_1 + \omega_2) = \varphi^*(\omega_1) + \varphi^*(\omega_2).$$ (1.13)

Da für die Zusammensetzung $\varphi \circ \psi$ von zwei Abbildungen φ und ψ gilt

$$D(\varphi \circ \psi) = D\varphi \cdot D\psi,$$

entnehmen wir aus (12)

$$(\varphi \circ \psi)^* = \psi^* \circ \varphi^*.$$ (1.14)

Aus dem gleichen Grund, sowie der Definition $df(x) = Df(x)$ für eine Funktion f , folgt aus (12) für $\omega = df$:

$$\varphi^*(df)(x) \cdot v = df(\varphi(x)) \cdot D\varphi(x) v = d(f \circ \varphi)(x) \cdot v;$$

d.h.

$$\varphi^*(df) = d(f \circ \varphi) = d(\varphi^* f),$$ (1.15)

wenn wir für die transformierte Funktion $f \circ \varphi$ auch $\varphi^* f$ schreiben.

Aus der Definition (12) entnimmt man sofort, dass für das Produkt $f\omega$ einer Funktion f und einer 1-Form ω folgendes gilt

$$\varphi^*(f\omega) = \varphi^*(f)\,\varphi^*(\omega).$$ (1.16)

Aus den Regeln (13), (15) und (16) ergibt sich

$$\varphi^*\omega = \varphi^*(\omega_i\, dx^i) = \varphi^*(\omega_i)\varphi^*(dx^i) = \varphi^*(\omega_i)\, d(\varphi^* x^i),$$

oder

$$\varphi^*\omega = (\omega_i \circ \varphi)\, d(x^i \circ \varphi).$$ (1.17)

Schreiben wir also die Abbildung φ in der Form

$$x^i = \varphi^i(y^1, \ldots, y^m), \qquad i = 1, \ldots, n,$$ (1.18)

so gilt

---

3)   Darunter versteht man - im Sinne einer Verallgemeinerung des Differentials einer Funktion - die lineare Abbildung $D\varphi(x) \in L(\mathbb{R}^m, \mathbb{R}^n)$, welche eindeutig definiert ist durch die Gleichung

$$\varphi(x+h) = \varphi(x) + D\varphi(x)h + o(h).$$

In den natürlichen Basen von $\mathbb{R}^m$ und $\mathbb{R}^n$ wird $D\varphi$ durch die Jacobi-Matrix repräsentiert.

$$(\varphi^*\omega)(y) = \omega_i(\varphi(y))\, d\varphi^i(y)$$

$$= \left[\omega_i(\varphi(y))\, \frac{\partial \varphi^i}{\partial y^j}(y)\right] dy^j.$$ (1.19)

Setzen wir also

$$\varphi^*\omega = (\varphi^*\omega)_j\, dy^j\ ,$$

so gilt für die Komponenten von $\varphi^*\omega$ das Transformationsgesetz

$$(\varphi^*\omega)_j(y) = \frac{\partial \varphi^i}{\partial y^j}(y)\, \omega_i(\varphi(y))\ .$$ (1.20)

In der Praxis benutzt man als Ausgangspunkt die erste Zeile von (19) und rechnet von dort an mechanisch weiter.

Ist φ ein orientierungstreuer Diffeomorphismus, so gilt

$$\int_\gamma \varphi^*\omega = \int_{\varphi(\gamma)} \omega\ ,$$ (1.21)

wobei $\varphi(\gamma)$ der transformierte Weg ist. In der Tat ist nach (6) und (12)

$$\int_\gamma \varphi^*\omega = \int_a^b (\varphi^*\omega)(\gamma(t))\cdot \dot\gamma(t)\, dt$$

$$= \int_a^b \omega(\varphi(\gamma(t)))\cdot D\varphi(\gamma(t))\,\dot\gamma(t)\, dt$$

$$= \int_a^b \omega(\varphi(\gamma(t)))\cdot \varphi(\gamma(t))^{\cdot}\, dt = \int_{\varphi(\gamma)} \omega\ .$$

Dabei haben wir benutzt, dass $D\varphi(\gamma(t))\dot\gamma(t)$ der Tangentialvektor von $t \longmapsto \varphi(\gamma(t))$ ist.

In den thermodynamischen Anwendungen ist z.B. die reversibel zugeführte Wärme ein Wegintegral $\int_\gamma \omega$. Die Eigenschaft (21) bedeutet deshalb in physikalischer Sprache lediglich, dass die zugeführte Wärme nicht davon abhängt, in welchen Koordinaten das Wärmedifferential ausgedrückt wird.

Hinweis. Für andere Gebiete der Physik (Mechanik, allgemeine Relativitätstheorie) ist die Erweiterung der Begriffe auf höhere Differentialformen sehr nützlich. Eine elementare Einführung findet man in [F, Kap.7].

2. Konvexe Funktionen

Konvexe Funktionen spielen in der Thermodynamik eine wichtige Rolle. Beispielsweise werden wir sehen, dass die innere Energie eines Systems im thermodynamischen Gleichgewicht eine konvexe Funktion ihrer "natürlichen" Variablen ist.

Eine Menge $K \subset \mathbb{R}^n$ ist __konvex__, falls die Strecke, welche zwei beliebige Punkte von K verbindet, ebenfalls in K enthalten ist (Fig. 2.1).

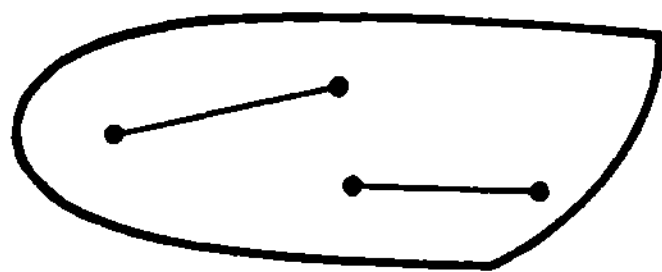

<u>Fig. 2.1</u>

Der Durchschnitt jeder Kollektion von konvexen Mengen ist offensichtlich wieder konvex.

Ein Punkt $x \in \mathbb{R}^n$ ist eine __konvexe Kombination__ der (verschiedenen) Punkte $x_1, \ldots, x_m$ falls

$$x = \sum_{j=1}^{m} t_j x_j \, , \quad t_j \geqslant 0 \, , \quad \sum_{j=1}^{m} t_j = 1. \tag{2.1}$$

Durch Induktion nach m beweist man leicht [F, Proposition 1.6]:

<u>Hilfssatz 1.</u> Eine Menge K ist genau dann konvex, wenn jede konvexe Kombination von Punkten aus K in K ist.

Ist S eine Teilmenge von $\mathbb{R}^n$, so ist die __konvexe Hülle__ $\hat{S}$ von S die Menge aller konvexen Kombinationen von Punkten aus S . Zeige, dass $\hat{S}$ konvex ist und dass $\hat{S}$ die kleinste konvexe Menge ist, welche S enthält.

Es seien $x_0, x_1, \ldots, x_r$, $r \leqslant n$ verschiedene Punkte in $\mathbb{R}^n$, so dass die Differenzen $x_1-x_0, \ldots, x_r-x_0$ linear unabhängig sind. Die Menge der konvexen Kombinationen von $x_0, \ldots, x_r$ ist ein __r-Simplex__ mit Vertizes $x_0, x_1, \ldots, x_r$. Ein 1-Simplex ist eine Strecke, ein 2-Simplex ein Dreieck und ein 3-Simplex ein Tetraeder. Nach Hilfssatz 1 ist jeder Simplex, dessen Vertizes in einer konvexen Menge K liegen, in K enthalten (vgl. Fig. 2.2).

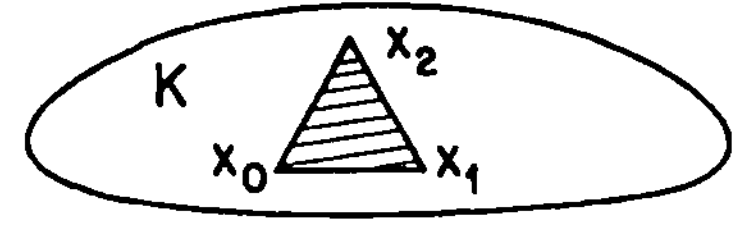

<u>Fig. 2.2</u>

Jeder Punkt eines r-Simplexes lässt sich <u>eindeutig</u> als konvexe Kombination $x = \sum_{j=0}^{r} t_j x_j$ darstellen (Uebungsaufgabe). Die Zahlen $t_0,\ldots,t_r$ sind die <u>Schwerpunktskoordinaten</u> von x . Die $(r-1)$-dimensionale <u>Seite gegenüber dem Vertex</u> x_i ist die Punktmenge des Simplexes mit $t_i = 0$. Den Beweis der folgenden Aussage findet man in [F, S.25].

<u>Hilfssatz 2.</u> Es sei S eine zusammenhängende Teilmenge von $\mathbb{R}^n$ und x eine konvexe Kombination von Punkten aus S . Dann ist x eine konvexe Kombination von n oder weniger Punkten aus S .

Es sei K eine konvexe Menge. Ein Punkt $x \in K$ ist ein <u>Extremalpunkt</u> von K , falls nicht zwei verschiedene Punkte $x_1, x_2 \in K$ und $t \in (0,1)$ existieren, so dass $x = tx_1 + (1-t)x_2$. Es gilt

<u>Hilfssatz 3.</u> Es sei K eine konvexe und kompakte Menge. Dann ist jeder Punkt von K eine konvexe Kombination von Extremalpunkten in K .

<u>Beweis:</u> Siehe [F, Propos. 3.8]. $\square$

Eine konvexe Menge K liege im Definitionsbereich einer reellwertigen Funktion f . Die Funktion f ist auf K <u>konvex</u>, falls für beliebige $x_1, x_2 \in K$ und $t \in [0,1]$:

$$f(tx_1 + (1-t)x_2) \leq tf(x_1) + (1-t)f(x_2).$$

Wenn für alle $x_1 \neq x_2$ und $t \in (0,1)$ eine strikte Ungleichung gilt, dann sagen wir f sei auf K <u>strikte konvex.</u>

Bilden wir die Punktmenge

$$K^+ = \left\{ (x,z) \mid x \in K ,\ z \geq f(x) \right\},$$

so ist K^+ eine konvexe Punktmenge von $\mathbb{R}^{n+1}$. Es gilt sogar [F, Prop. 3.4] der

<u>Hilfssatz 4.</u> Die Funktion f ist genau dann konvex auf K , falls K^+ eine konvexe Teilmenge von $\mathbb{R}^{n+1}$ ist.

Eine Funktion f ist auf K <u>konkav</u>, falls $-f$ auf K konvex ist.

Der folgende Satz ist nicht schwierig zu beweisen [F, Theorem 9.5].

<u>SATZ 1.</u> ES SEI K EINE OFFENE KONVEXE MENGE UND f EINE KONVEXE FUNKTION AUF K . DANN IST f AUF K STETIG.

Die beiden folgenden Aussagen beweist man sehr leicht [F, Prop. 3.6a, 3.6b].

<u>Hilfssatz 5.</u> Die Funktion f sei auf K differenzierbar. Dann gilt:

a) f ist genau dann auf K konvex falls

$$f(x) \geqslant f(x_0) + df(x_0) \cdot (x-x_0) \quad \text{für alle} \quad x_0, x \in K \; ;$$

b) f ist genau dann auf K strikte konvex, falls

$$f(x) > f(x_0) + df(x_0) \cdot (x-x_0) \quad \text{für alle} \quad x_0, \; x \in K \; , \; x_0 \neq x \; .$$

In einer Dimension gilt [F, Prop. 3.7] der

<u>Hilfssatz 6.</u> Sei $K \subset \mathbb{R}$ ein Intervall und f eine Funktion, deren Ableitung f' überall in K existiert. Dann gilt

a) f ist konvex auf K genau dann, wenn f' auf K nicht abnehmend ist;

b) f ist strikte konvex genau dann, wenn f' auf K zunehmend ist.

Im folgenden bezeichne Q die Funktion auf $K \times \mathbb{R}^n$, definiert durch

$$Q(x,h) = D^2 f(x)(h,h) = \sum_{i,j} \frac{\partial^2 f}{\partial x^i \partial x^j} h^i h^j .$$

Es gilt [F, Theorem 3.6] der naheliegende

<u>SATZ 2.</u> SEI f VON DER KLASSE C^2 AUF EINER OFFENEN KONVEXEN MENGE K. DANN GILT

a) f IST AUF K GENAU DANN KONVEX, WENN $Q(x,\bullet) \geqslant 0$ IST FUER ALLE $x \in K$.

b) WENN $Q(x,\bullet) > 0$ IST FUER ALLE $x \in K$, DANN IST f AUF K STRIKTE KONVEX.

ENTSPRECHENDE AUSSAGEN GELTEN FUER KONKAVE FUNKTIONEN.

Wenn eine differenzierbare und konvexe Funktion f auf einer offenen konvexen Menge K einen kritischen Punkt $x_0 \in K$ hat, dann nimmt f in x_0 ein <u>absolutes Minimum</u> an. In der Tat folgt aus $df(x_0) = 0$ und Hilfssatz 5a), dass $f(x) \geqslant f(x_0)$ für alle $x \in K$ gilt. Ist f strikte konvex, so gibt es höchstens einen kritischen Punkt. [Andernfalls könnte man mit Hilfssatz 5b) leicht einen Widerspruch konstruieren.]

*   *   *

3. Legendre-Transformation von konvexen Funktionen

Es sei f eine konvexe Funktion über der konvexen Menge $K \subset \mathbb{R}^n$. Dann wird die <u>Legendretransformierte</u> $f^* : \mathbb{R}^n \longrightarrow \mathbb{R} \cup \{+\infty\}$ von f durch

$$f^*(x^*) = \sup_{x \in K} \left[(x, x^*) - f(x) \right] \qquad (3.1)$$

definiert. [4]

Wir zeigen zuerst, dass f^* <u>wieder konvex ist</u>:

$$f^*(t x_1^* + (1-t) x_2^*) = \sup_x \left\{ t(x, x_1^*) + (1-t)(x, x_2^*) - f(x) \right\}$$

$$= \sup_x \left\{ t \left[(x, x_1^*) - f(x) \right] + (1-t) \left[(x, x_2^*) - f(x) \right] \right\}$$

$$\leq t \sup_x \left[(x, x_1^*) - f(x) \right] + (1-t) \sup_x \left[(x, x_2^*) - f(x) \right]$$

$$= t f^*(x_1^*) + (1-t) f^*(x_2^*) .$$

Für die Diskussion der geometrischen Bedeutung betrachten wir zuerst den Fall einer Variablen. Für ein gegebenes x^* zeichne man die Gerade $y = x^* x$ und suche den Punkt $x(x^*)$, bei welchem der Graph von f in der vertikalen Richtung am weitesten von dieser Geraden entfernt ist (vgl. Fig. 3.1).

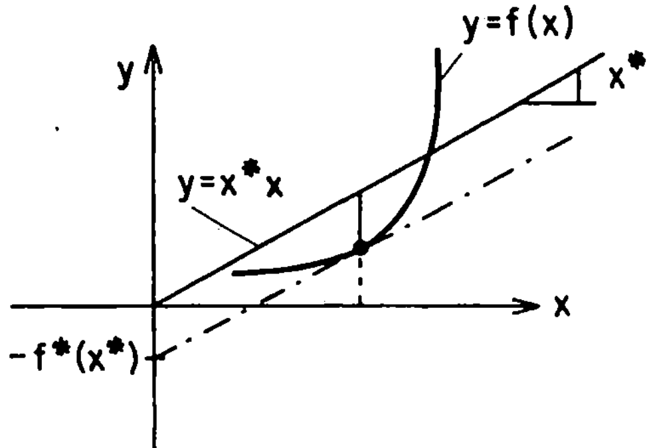

<u>Fig. 3.1.</u> Geometrische Deutung der Legendre-Transformation

---

[4] Wir identifizieren wie üblich den Dualraum $(\mathbb{R}^n)^*$ mittels des euklidischen Skalarproduktes $(x,y) = \sum x^i y^i$ mit $\mathbb{R}^n$.

Dann ist $f^*(x^*) = x(x^*) \cdot x^* - f(x(x^*))$.

Im differenzierbaren strikte konvexen Fall wird $x(x^*)$ durch

$$\frac{\partial}{\partial x}\left[(x,x^*) - f(x)\right] = 0$$

bestimmt, d.h. durch

$$x^* = \text{grad } f(x) . \tag{3.2}$$

[Beachte: $(\text{grad } f, v) = df \cdot v$.] Wenn die Hessesche $D^2 f = (\frac{\partial^2 f}{\partial x^i \partial x^j})$

nichtsingulär ist, lässt sich die Gl. (3.2) lokal auflösen, $x = \varphi(x^*)$, und man erhält die aus der Mechanik geläufige Legendre-Transformation. In diesem Fall gilt wegen

$$d f^*(x^*) = d\left(\varphi(x^*), x^*\right) - d\left(f(\varphi(x^*))\right)$$

$$= d\varphi^i \, x_i^* + \varphi^i \, dx_i^* - \frac{\partial f}{\partial x^i} \, d\varphi^i = \varphi^i \, dx_i^*$$

die bekannte Beziehung

$$\frac{\partial f^*}{\partial x_i^*}(x^*) = \varphi^i(x^*) = x^i , \tag{3.3}$$

Im strikte konvexen und differenzierbaren Fall hat die Fläche

$$\Sigma_f = \left\{\langle x,z\rangle \mid x \in K, \; z = f(x)\right\}$$

in $x_0 \in K$ eine Tangentialebene mit dem Normalenvektor
$\langle \text{grad } f(x_0), -1\rangle$. Für die Punkte $\langle x,z\rangle$ auf dieser Tangentialebene gilt also

$$(\langle \text{grad } f(x_0), -1\rangle , \langle x-x_0, z-f(x_0)\rangle) = 0 ,$$

oder

$$(x, \text{grad } f(x_0)) - (x_0, \text{grad } f(x_0)) - z + f(x_0) = 0 ;$$

d.h.

$$z = (x, \text{grad } f(x_0)) - f^*(x_0^*) . \tag{3.4}$$

Daraus sieht man, dass die Tangentialebene die z-Achse in $z = -f^*(x_0^*)$ schneidet. (Dies verallgemeinert Fig. 3.1.)

Wenn der Graph von f gerade Stücke enthält, ist natürlich x nicht eindeutig durch x^* bestimmt (vgl. Fig. 3.2).

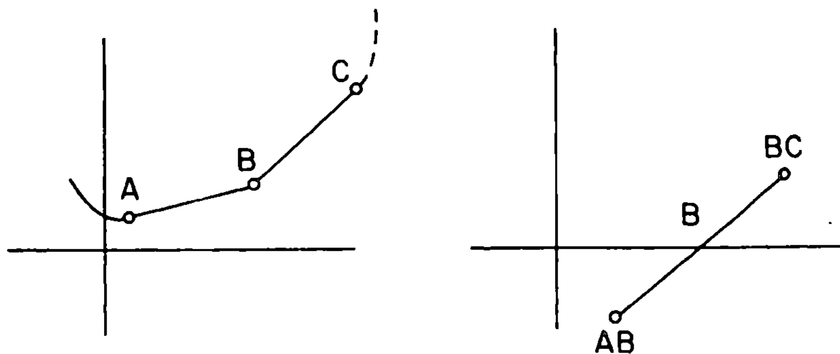

<u>Fig. 3.2</u>

Die geraden Stücke gehen in Ecken des Graphen von f* über,und die
Ecken gehen in gerade Strecken über.

<u>SATZ 1.</u> IM DIFFERENZIERBAREN UND STRIKTE KONVEXEN FALL IST DIE LE-
GENDRE-TRANSFORMATION INVOLUTIV:

$$(f*)* = f .$$

<u>Beweis:</u> Nach (3.4) ist die Tangentialebene an den Graphen Σ_f von f
durch den Punkt $\langle x_0, f(x_0)\rangle$ gegeben durch

$$z = (x, x_0^*) - f^*(x_0^*). \tag{3.5}$$

Auf Grund der Konvexität liegen alle Tangentialebenen unterhalb der
Fläche Σ_f und bei festem $x = x^{**}$ ist das Maximum der Ordinate z,
bei variablem x_0^* , gerade gleich $f(x^{**})$ (vgl. Fig. 3.3):

$$f(x^{**}) = \mathop{Max}_{x^*} [(x^{**}, x^*) - f^*(x^*)].$$

Die rechte Seite ist aber gerade $(f*)*(x^{**})$. ◻

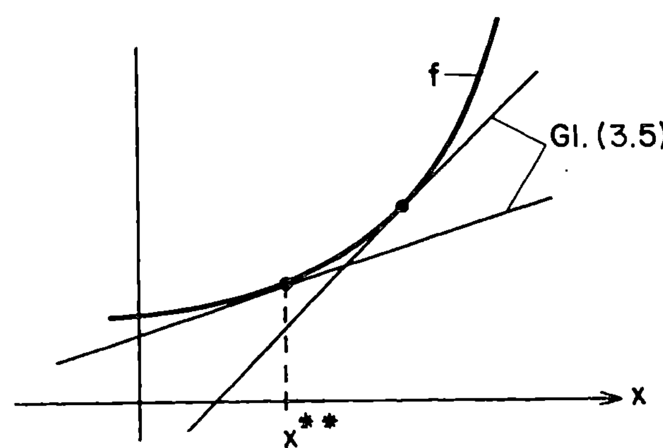

<u>Fig. 3.3</u>

<u>Bemerkung:</u> Sei f(x) eine differenzierbare strikte konvexe Funktion
in einer Variablen mit der Eigenschaft, dass sich

$$x^* = \frac{\partial f}{\partial x}(x)$$

eindeutig nach x auflösen lässt. Wir bilden die Funktion g(x*) =
f(x(x*)) und zeigen, dass sich daraus die ursprüngliche Funktion
nicht mehr eindeutig rekonstruieren lässt. (Beim Uebergang von f
nach g geht also Information verloren. Für die Legendre-Transformation ist dies nicht der Fall.)

Für gegebenes g muss f der folgenden Differentialgl. genügen

$$f(x) = g\left(\frac{df}{dx}\right)$$

oder, wenn g^{-1} die Umkehrfunktion von g bezeichnet,

$$\frac{df}{dx} = g^{-1}(f).$$

Da diese Diffgl. x nicht explizite enthält, ist mit f(x) auch
f(x+const.) eine Lösung. (Die Graphen dieser verschiedenen Lösungen
gehen durch Parallelverschiebung in der x-Richtung auseinander hervor.)
Weitere Ergänzungen ergeben sich aus den Uebungsaufgaben am
Schluss dieses Kapitels.

4. Der Begriff der differenzierbaren Mannigfaltigkeit

Es wird sich zeigen, dass die Gleichgewichtszustände eines
thermodynamischen Systems eine differenzierbare Mannigfaltigkeit bilden. Deshalb wollen wir diesen Begriff genau definieren. (Er spielt
auch z.B. in der Mechanik und in der allgemeinen Relativitätstheorie
eine zentrale Rolle.)
Es wird sich später zeigen, dass in der Thermodynamik der Zustandsraum immer als Graph einer konvexen Funktion im $\mathbb{R}^n$ aufgefasst
werden kann. Deshalb erinnern wir lediglich an die Definition von Mannigfaltigkeiten im $\mathbb{R}^n$.
Anschaulich gesprochen, verstehen wir unter einer k-dimensio-
nalen Untermannigfaltigkeit von $\mathbb{R}^n$ eine Teilmenge von $\mathbb{R}^n$, welche
lokal in geeigneten "krummen" Koordinaten wie $\mathbb{R}^k$ in $\mathbb{R}^n$ aussieht
(vgl. Fig. 4.1). Die präzise Begriffsbildung gibt die folgende

<u>DEFINITION.</u> EINE TEILMENGE $M \subset \mathbb{R}^n$ IST EINE <u>k-DIMENSIONALE C^1-MANNIG-</u>
<u>FALTIGKEIT</u> VON $\mathbb{R}^n$, FALLS FUER JEDEN PUNKT $x \in M$ DIE FOLGENDE BEDIN-
GUNG (M) ERFUELLT IST:

(M) Es existiert eine offene Umgebung U von x in $\mathbb{R}^n$ und ein C^1-Diffeomorphismus $\varphi: U \longrightarrow V \subset \mathbb{R}^n$, so dass

$$\varphi(U \cap M) = V \cap (\mathbb{R}^k \times \{0\})$$
$$= \{x \in V: \ x^{k+1} = \ldots = x^n = 0\} \ .$$

Eine solche Abbildung φ heisst <u>Karte der Untermannigfaltigkeit.</u>

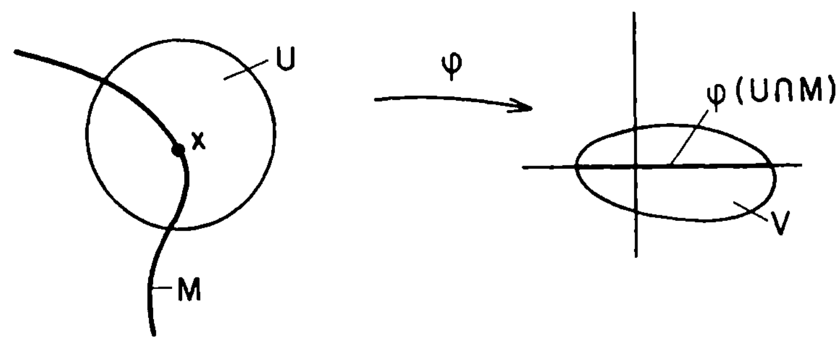

<u>Fig. 4.1</u>

Viele Beispiele von C^1-Mannigfaltigkeiten werden durch den folgenden Satz geliefert.

<u>SATZ 1.</u> SEI U OFFEN IN $\mathbb{R}^n$ UND $f: U \longrightarrow \mathbb{R}^k$ EINE C^1-ABBILDUNG. IST $w \in \mathbb{R}^k$ EIN REGULAERER WERT VON f [Df(w) hat Rang k], SO IST $f^{-1}(w)$ EINE UNTERMANNIGFALTIGKEIT DER DIMENSION n-k [KODIMENSION k].

<u>Beweis:</u> Dies ergibt sich ziemlich einfach aus dem Satz über die Umkehrabbildung. Für Einzelheiten verweisen wir z.B. auf: T. Bröcker, Analysis in mehreren Variablen, Teubner Studienbücher, 1980. ☐

Ist $\varphi: U \longrightarrow V$ eine Karte um $p \in M$, $U' = U \cap M$, $V' = V \cap (\mathbb{R}^k \times \{0\})$,und $\varphi | U \cap M = : \psi$, so ist $\psi: U' \longrightarrow V'$ ein Homöomorphismus, und ψ besitzt die stetig differenzierbare Umkehrung ψ^{-1}, welche M lokal um p durch <u>Koordinaten</u> in $V' \subset \mathbb{R}^k$ parametrisiert. Durch Einführen lokaler Koordinaten (Karten) kann man viele Begriffe von offenen Mengen des $\mathbb{R}^n$ auf Mannigfaltigkeiten übertragen. [5] Beispielsweise heisst eine Funktion $f: M \longrightarrow \mathbb{R}$ <u>differenzierbar</u> in p , falls $f \circ \psi^{-1}: V' \longrightarrow \mathbb{R}$ für eine Karte $\varphi: U \longrightarrow V$ (und damit für jede) differenzierbar ist.

---

[5] Für eine elementare Darstellung verweisen wir auf G. Nöbeling, Integralsätze der Analysis, de Gruyter Lehrbuch 1979.

In der Thermodynamik sind die Zustandsgrössen stetige oder differenzierbare Funktionen auf der Zustandsmannigfaltigkeit.

U E B U N G S A U F G A B E N

1. Es sei ω eine 1-Form auf $U \subset \mathbb{R}^u$ und $\varphi: U \longrightarrow \mathbb{R}^m$ sei eine differenzierbare Abbildung. Zeige, dass $\varphi^* \omega$ geschlossen ist, wenn ω geschlossen ist.

2. In $\mathbb{R}$ sei $\omega = dy$. Berechne $\varphi^* \omega$ für $\varphi: \mathbb{R}^2 \longrightarrow \mathbb{R}$, $\varphi(x_1, x_2) = x_1^2 + x_2^2$.

3. Zeige, ,dass sich jeder Punkt eines r-Simplexes eindeutig als konvexe Kombination der Vertizes darstellen lässt.

4. Es sei f eine stetige Funktion auf einer konvexen Menge K . Ferner sei für alle $x_1, x_2 \in K$

$$f(\tfrac{1}{2}(x_1 + x_2)) \leq \tfrac{1}{2} f(x_1) + \tfrac{1}{2} f(x_2) .$$

Zeige, dass f auf K konvex ist.

5. Bestimme die Legendre-Transformierte von $f(x) = x^\alpha/\alpha$ und deduziere aus dem Ergebnis die Youngsche Ungleichung:

$$x \cdot y \leq \tfrac{1}{\alpha} x^\alpha + \tfrac{1}{\beta} y^\beta \quad \text{für alle} \quad x > 0 \ , \ y > 0 \ , \ \alpha > 1 \ , \ \beta > 1$$
$$\text{und} \quad \tfrac{1}{\alpha} + \tfrac{1}{\beta} = 1 .$$

K A P I T E L II. DIE GRUNDLAGEN DER THERMODYNAMIK

In diesem Kapitel besprechen wir die grundlegenden Begriffe
und die Hauptsätze der Thermodynamik (TD). Im Interesse der Klarheit
wollen wir die Gedankenführung nicht durch Anwendungen unterbrechen
und diese auf Kapitel III verschieben.

1. Thermodynamische Systeme und Zustände

In der TD versteht man unter einem (<u>thermodynamischen</u>) <u>System</u>
ein wohldefiniertes Teilstück der Welt, welches durch einen geschlos-
senen Rand von der Umgebung abgegrenzt, aber nicht notwendig isoliert
ist. (Z.B. ist das im Meer gelöste Salz <u>kein</u> System.) Die Begrenzung
kann einen festen Körper, eine Flüssigkeit, ein Gas, oder Wärmestrah-
lung einschliessen. Sie kann reell sein, wie etwa die Innenfläche eines Gefässes, oder auch nur gedacht, wie etwa die Oberfläche eines be-
stimmten Quantums einer Flüssigkeit [1].

Wichtig sind die Wechselwirkungsmöglichkeiten eines Systems
mit der Umgebung. Verhindert die Begrenzung einen Materieaustausch, so
heisst das System <u>materiell abgeschlossen.</u>

Wenn das System mit seiner Umgebung keine Arbeit austauschen
kann, heisst es <u>mechanisch abgeschlossen.</u> [Der Begriff der Arbeit wird
aus "Vortheorien" (Mechanik, Elektrodynamik) als bekannt angesehen.]

Auch wenn ein System mechanisch und materiell abgeschlossen
ist, lässt es sich im allgemeinen trotzdem von der Umgebung beeinflus-
sen (Kochtopf auf heisser Kochplatte). Beispiele aus der Technik
(Thermosflasche) zeigen aber, dass es Begrenzungen gibt, welche dies
in hohem Masse verunmöglichen.(Von langreichweitigen Wechselwirkungen,
wie der Gravitation, wollen wir vorläufig absehen.) Wir machen die
Idealisierung, dass es thermisch vollständig isolierende Wände gibt [2].
Diese heissen <u>adiabatische Wände,</u> und wenn ein System durch eine
solche Wand begrenzt wird, sagt man, es sei <u>adiabatisch abgeschlossen.</u>

---

1) Damit ist der Begriff "thermodynamisches System" nur vage umschrie-
ben. In einer konkreten Situation wird aber ein Physiker kaum Mühe
haben zu entscheiden, ob die im Folgenden entwickelte Theorie an-
wendbar ist oder nicht.

2) Vgl. die Fussnote 4 auf S. 24.

Ein System, das mit seiner Umgebung materiell, mechanisch und adiabatisch abgeschlossen ist, heisst <u>isoliert</u> (oder <u>abgeschlossen</u>).

Den Systemen sind bestimmte messbare Eigenschaften zugeordnet, die den <u>Zustand</u> charakterisieren und deshalb <u>Zustandsvariable</u> oder Zustandsgrössen genannt werden. Beispiele dafür sind Druck und Volumen. Der Zustandsraum eines thermodynamischen Systems ist im allgemeinen sehr kompliziert, weil man zur Charakterisierung des Zustandes eine Anzahl von Feldern benötigt. (Z.B. wird der Druck im allgemeinen örtlich und zeitlich variabel sein.) Die Zustandsgrössen sind dann Funktionale dieser Felder.

In der Thermostatik beschränkt man sich auf <u>Gleichgewichts-zustände</u> (GZ), d.h. auf Zustände, die sich unter zeitlich unveränderten Nebenbedingungen nicht mehr (oder nur "sehr langsam") ändern. Aus Erfahrung wissen wir, dass die GZ vom Standpunkt der makroskopischen Beobachtung[3] durch <u>endlich</u> viele Zustandsgrössen charakterisiert werden. Dies legt das folgende <u>Postulat</u> nahe:

> Die Gleichgewichtszustände eines thermodynamischen Systems Σ bilden eine endlichdimensionale differenzierbare Mannigfaltigkeit M_Σ der Klasse C^1. Zustandsgrössen sind (stückweise) stetige oder differenzierbare Funktionen auf M_Σ.

2. Die empirische Temperatur

Die ganze Wärmelehre wird vom Begriff der Temperatur beherrscht. Dieser ist aus unseren Sinnesempfindungen warm und kalt entstanden. Eine physikalisch präzise Definition lässt sich nur in mehreren Schritten geben. Kurz angedeutet werden dies die folgenden sein: (1) Begriff der gleichen Temperatur; (2) Einführung einer (weitgehend willkürlichen) Temperaturskala; (3) Nachweis, dass diese mit der linearen Ordnung "wärmer-kälter" (welche im Anschluss an den 1. Hauptsatz eingeführt wird) verträglich gewählt werden kann; (4) Einführung der absoluten Temperaturskala im Anschluss an den 2. Hauptsatz.

---

[3] In der phänomenologischen Thermodynamik verzichtet man auf mikroskopische Beobachtungen, wie z.B. die Verfolgung der Bewegung eines sehr kleinen Partikels in einer Flüssigkeit (Brownsche Bewegung). Sonst würden auch <u>Fluktuationen</u> der Observablen um ihre Mittelwerte eine Rolle spielen.

In diesem Abschnitt besprechen wir die Schritte (1) und (2).
Zunächst betrachten wir zwei isolierte Systeme Σ_1 und Σ_2, die
beide einen GZ erreicht haben. Sodann bringen wir sie in <u>thermischen
Kontakt</u>, indem wir die adiabatische Trennwand durch eine <u>diathermane</u>
ersetzen. Im allgemeinen werden dann Veränderungen eintreten und das
Gesamtsystem Σ_{12} wird sich einem neuen Gleichgewichtszustand nä-
hern. Wir sagen dann, dass die beiden Systeme <u>miteinander im Gleich-
gewicht</u> sind. Für die Mannigfaltigkeiten der GZ gilt $M_{\Sigma_{12}} \subset
M_{\Sigma_1} \times M_{\Sigma_2}$ und aus Erfahrung wissen wir, dass

$$\dim M_{\Sigma_{12}} = \dim M_{\Sigma_1} + \dim M_{\Sigma_2} - 1 \ .$$

Ist das Paar (z_1, z_2) der beiden ursprünglichen Zustände $z_i \in M_{\Sigma_i}$
(i=1,2) schon in $M_{\Sigma_{12}}$, so treten bei der thermischen Kopplung
keinerlei Veränderungen auf; die beiden Systeme sind bereits miteinander im Gleichgewicht.

Für die weitere Diskussion ist die folgende Erfahrungstat-
sache (<u>0. Hauptsatz</u>) wichtig:

> 1) Sind zwei Systeme Σ_1 und Σ_2 miteinander im Gleich-
> gewicht und herrscht zwischen Σ_2 und einem dritten
> System Σ_3 ebenfalls Gleichgewicht, so besteht dieses
> auch zwischen den Systemen Σ_1 und Σ_3 (Transitivität
> des thermodynamischen Gleichgewichts).
>
> 2) Falls von drei oder mehr Systemen jedes mit jedem in
> thermischem Kontakt ist und sie zusammen im Gleichgewicht
> sind, dann sind auch je zwei beliebig herausgegriffene
> miteinander im Gleichgewicht.

Damit liegt eine Aequivalenzrelation vor und wir sagen, dass die Systeme in einer Aequivalenzklasse die <u>gleiche Temperatur</u> haben.

Halten wir nun, mit den obigen Bezeichnungen, $z_2 \in M_{\Sigma_2}$ fest,
so bildet die Menge der Zustände $z_1 \in M_{\Sigma_1}$, welche zu z_2 äquivalent sind, eine Hyperfläche in M_{Σ_1} (Untermannigfaltigkeit
der Kodimension 1). Diese nennen wir eine <u>Isotherme</u>. Durch Variation von z_2 erhalten wir schliesslich eine Faserung von M_{Σ_1} in
Isothermen; dies ist in der folgenden Fig. 2.1 angedeutet.
Aus dem 0. Hauptsatz folgt, dass diese Faserung unabhängig vom Ver-
gleichssystem Σ_2 ist !

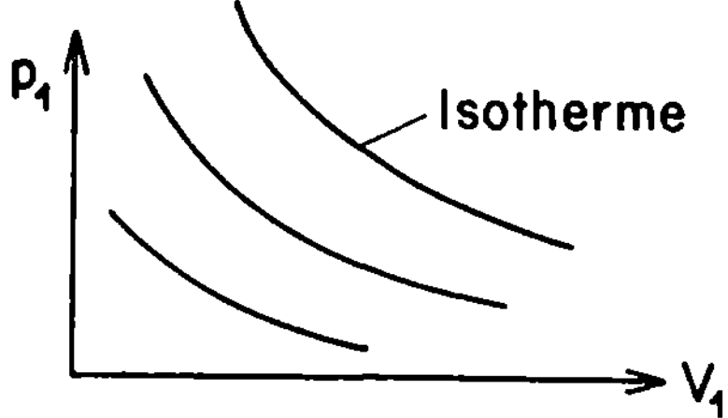

<u>Fig. 2.1</u>

Die Mannigfaltigkeit der Isothermen ist eindimensional und jede injektive Abbildung nach $\mathbb{R}$ definiert eine <u>empirische Temperatur</u>; wir deuten dies in einem Diagramm an:

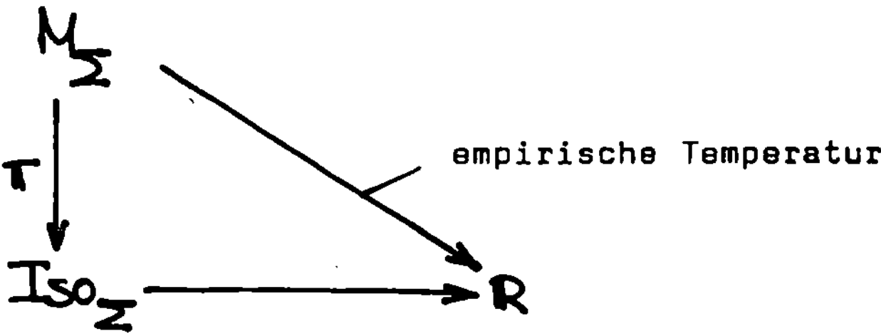

Eine empirische Temperatur ist also eine Zustandsfunktion, die auf den isothermen Fasern konstant ist und zwei verschiedenen Fasern verschiedene Werte zuordnet. Die so definierten empirischen Temperaturskalen weisen natürlich eine grosse Willkür auf, welche wir erst in Abschnitt 5 beseitigen werden.

3. Der erste Hauptsatz

In diesem Abschnitt beschränken wir uns <u>nicht</u> auf GZ.

Wir betrachten zunächst beliebige <u>Arbeitsprozesse an einem adiabatisch abgeschlossenen System.</u> Den <u>Energiesatz</u> können wir wie folgt formulieren:

(i) Zu je zwei Zuständen z_1 , z_2 gibt es einen Arbeitsprozess, der z_1 in z_2 oder z_2 in z_1 überführt.

(ii) Die damit verbundene Arbeit hängt nur vom geordneten Paar (z_1, z_2) und nicht vom Prozess ab.

Damit können wir in offensichtlicher Weise eine Zustandsfunktion, die _innere Energie_ U , definieren. Ist für einen fest ausgewählten Zustand z_0 $U = U_0$ gewählt, so setzen wir

$$U(z) = U_0 + A(z_0 \longrightarrow z) \, , \tag{3.1}$$

wobei $A(z_0 \longrightarrow z)$ die prozessunabhängige Arbeit am adiabatisch abgeschlossenen System von z_0 nach z bezeichnet. [Wir setzen $A(z_2 \longrightarrow z_1) = - A(z_1 \longrightarrow z_2)$, wenn nur $z_1 \longrightarrow z_2$ realisierbar ist.] Bei einem beliebigen Arbeitsprozess $z_1 \longrightarrow z_2$ an diesem System ist dann die Aenderung ΔU der inneren Energie gleich der Arbeit $A(z_1 \longrightarrow z_2)$:

$$\Delta U = A(z_1 \longrightarrow z_2) \, . \tag{3.2}$$

Nun können wir aber auch nichtadiabatische Prozesse betrachten (Erwärmung durch Bunsenbrenner, etc.). Dann wird die Gl. (3.2) nicht mehr gelten. Nachdem aber die innere Energie für jeden Zustand definiert ist, können wir nun durch die Gleichung

$$\Delta U = A(z_1 \longrightarrow z_2) + Q(z_1 \longrightarrow z_2) \tag{3.3}$$

die dem System zugeführte _Wärme_ definieren. Meistens bezeichnet man (3.3) als den Energiesatz, bzw. den _ersten Hauptsatz der Thermodynamik_.[4]

In der allgemeinen Form (3.3) können wir mit diesem Satz nicht viel anfangen, solange wir keinen konkreten Ausdruck für $A(z_1 \longrightarrow z_2)$ haben. Darauf werden wir im nächsten Abschnitt für reversible quasistatische Prozesse eingehen.

---

[4] In der Thermodynamik ist es wichtig, dass man Wärme und Arbeit streng unterscheidet, obwohl im 1. Hauptsatz ihre Aequivalenz festgestellt wird. Diese Unterscheidung ist nur möglich, wenn man sich auf die Existenz adiabatischer Wände beruft. Diese sollen zwar selber keine thermodynamischen Eigenschaften haben, aber dennoch den Ausgleich von Temperaturdifferenzen verhindern. Aehnliche Fiktionen (z.B. ideale Antikatalysatoren) werden wir später benötigen. Für deren Existenz kann man sich nicht wirklich auf die Erfahrung berufen, und deshalb hat diese Pauli mit Recht "Zaubermittel" genannt. Erst in der statistischen Mechanik hat man diese Zaubermittel nicht mehr nötig. In dieser ist die Wärme derjenige Anteil der Energie, der den makroskopisch nicht beobachteten Freiheitsgraden zugeschrieben werden muss. Was aber makroskopisch beobachtet wird, hängt wesentlich von den Beobachtungsmöglichkeiten ab. Darum ist die Wärme, und damit die Entropie (s.u.), in der statistischen Mechanik streng genommen immer nur _relativ_ zu einem makroskopischen Beobachter definiert.

An dieser Stelle wollen wir noch die lineare Ordnung "wärmer-kälter" besprechen und den auf S. 18 angekündigten Schritt (3) durchführen.

Wir betrachten zwei Systeme Σ_1 und Σ_2 in den GZ z_1 und z_2 und bringen sie miteinander so in thermischen Kontakt, dass sie aufeinander keine Arbeit ausüben. Wir sagen Σ_1 sei __wärmer__ als Σ_2 (Σ_2 kälter als Σ_1), wenn anschliessend Σ_1 Wärme verliert und damit Σ_2 auf Grund des Energiesatzes Wärme gewinnt. Dafür schreiben wir auch $z_1 \geqslant z_2$ ($z_2 \leqslant z_1$). Natürlich ist $z_1 = z_2$, wenn z_1 und z_2 zur gleichen Temperatur gehören.

Wir zeigen nun, dass dadurch eine lineare Ordnung ($\leqslant$) definiert wird. Nichttrivial ist lediglich die Transitivität von $\leqslant$. Wir nehmen an, diese gelte nicht und konstruieren einen Widerspruch zum 2. Teil des 0. Hauptsatzes. Würde die Transitivität nicht gelten, so müsste es Zustände z_1, z_2 und z_3 von drei Systemen Σ_1 , Σ_2 und Σ_3 geben, so dass $z_1 > z_2 > z_3$ und $z_3 > z_1$ gilt. Dann ist aber der Wärmeaustausch bei thermischer Kopplung wie in der folgenden Fig. 3.1 angedeutet.

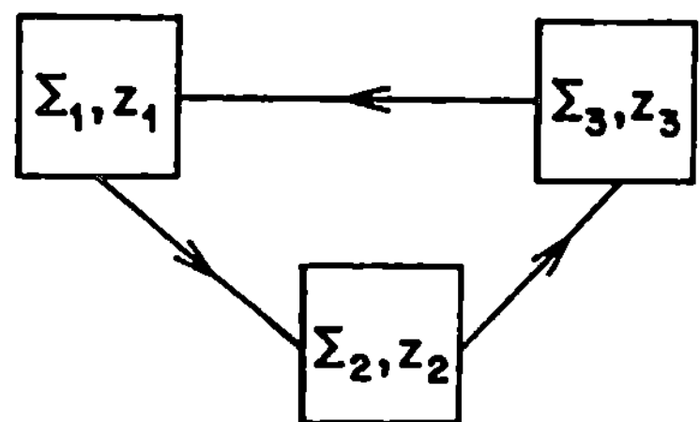

<u>Fig. 3.1</u>

Durch geeignete Wahl der thermischen Kopplung könnten wir erreichen, dass das zusammengesetzte System in einem ("dynamischen") Gleichgewicht ist, im Widerspruch zum 2. Teil des 0. Hauptsatzes.

Die isothermen Fasern der Zustandsmannigfaltigkeit sind damit linear geordnet. Wir lassen nur solche empirische Temperaturen θ zu, welche diese Ordnung respektieren: aus $z_1 \geqslant z_2$ soll $\theta(z_1) \geqslant \theta(z_2)$ folgen.

4. Reversible Aenderungen, Differentialform der reversiblen Arbeit

Bei einer Zustandsänderung eines Systems lässt sich die von aussen geleistete Arbeit nur dann einfach berechnen, wenn der Prozess gewisse idealisierende Bedingungen erfüllt. Dies wollen wir uns an einem Beispiel klarmachen.

Dazu denken wir uns ein Gas in einem zylindrischen Gefäss vom Querschnitt F, das z.B. von adiabatischen Wänden eingeschlossen und nach oben durch einen gewichtslosen Kolben abgedeckt ist (vgl. Fig. 4.1). Der Kolben werde durch eine Kraft (Gewicht) der Grösse $p \cdot F$ (p = Gasdruck) gegen den Gasdruck im Gleichgewicht gehalten.

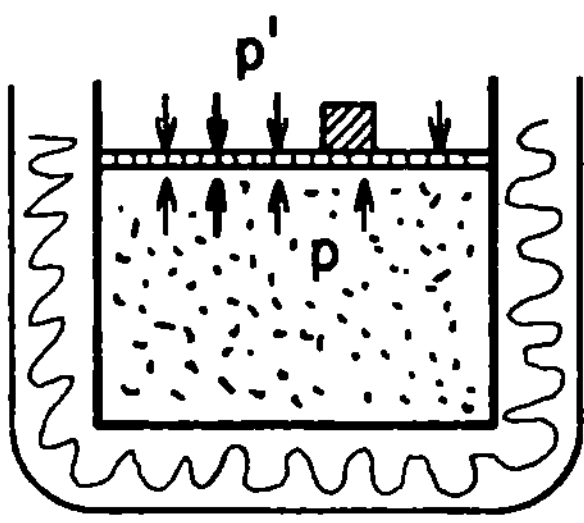

__Fig. 4.1__

Bei Veränderungen des Volumens V ist die von aussen geleistete Arbeit nur dann gleich dem Integral der Differentialform $- pdV$, wenn die folgenden Bedingungen erfüllt sind.

Zunächst muss der Prozess __quasistatisch__ sein, d.h., "unendlich" langsam verlaufen, damit das Gas ständig im Gleichgewicht ist. Ansonsten müssten wir den Aussendruck $p' \neq p(V)$ wählen. Bei einer Prozessführung mit endlicher Geschwindigkeit kämen auch noch andere Effekte ins Spiel (z.B. müsste man die kinetische Energie der an den Stempel angrenzenden Gasmassen berücksichtigen). Ferner darf bei der Zustandsänderung keine Reibung auftreten. Sonst müsste bei der Kompression des Gases $p' > p(V)$ und bei der Expansion $p' < p(V)$ sein.

Wenn beide Bedingungen erfüllt sind, sprechen wir von einer reversiblen Zustandsänderung. Allgemein definieren wir [5]: Ein Prozess ist __reversibel__, wenn er quasistatisch ist und ausserdem seine

---

[5] In der Literatur werden "quasistatisch" und "reversibel" häufig als nahezu synonym verwendet.

Richtung in jedem Moment durch eine infinitesimale Aenderung einer Systemeigenschaft umgekehrt werden kann.

Ein quasistatischer Prozess braucht nicht reversibel zu sein ! Beispiele: (1) Wärmeaustausch zwischen zwei Körpern mit verschiedenen Temperaturen, der durch Einführung eines thermischen Widerstandes verzögert wird. (2) Entladung eines Kondensators über einen sehr grossen Widerstand.

Der idealisierte Begriff des reversiblen Prozesses ist für das Folgende von grundlegender Bedeutung.

Bei einer reversiblen Zustandsänderung eines Systems Σ längs eines Weges $\gamma \subset M_\Sigma$ ist die am System geleistete Arbeit von der Form

$$A = \int_\gamma \alpha \; , \tag{4.1}$$

wobei α eine 1-Form auf M_Σ ist. Wir nennen sie die <u>Differentialform der reversiblen Arbeit</u>. Im obigen Beispiel war

$$\alpha = -\, pdV \; . \tag{4.2}$$

Weitere Beispiele werden wir später betrachten. Im Moment stellen wir uns auf den Standpunkt, dass die Differentialform α aus Vortheorien (Mechanik, Elektrodynamik) bekannt ist. Dies bedeutet, dass es eine Darstellung

$$\alpha = \sum_{i=1}^{n} y_i dx^i \tag{4.3}$$

gibt, in welcher die Zustandsgrössen y_i und x^i eine aus Vortheorien bekannte Bedeutung haben. Die x^i nennen wir die <u>Arbeitskoordinaten</u> und die y_i die zugeordneten <u>Arbeitskoeffizienten</u>. Letztere können grundsätzlich durch statische Kraftmessungen bestimmt werden.

Häufig bilden die x^i und die Temperatur (oder die innere Energie) zusammen ein Koordinatensystem von M_Σ, d.h. dim M_Σ = n+1. Wir sprechen dann von einem <u>einfachen System.</u>

Die Funktionen

$$y_i = y_i(\theta, x^i, \ldots, x^n) \tag{4.4}$$

werden <u>Zustandsgleichungen</u> genannt.

Durch

$$\omega = dU - \alpha \tag{4.5}$$

definieren wir die <u>Differentialform der reversiblen Wärme</u> [6].

6) In der Literatur schreibt man dafür dQ, δQ oder đQ. Ich halte mich nicht an diesen ehrwürdigen Brauch, da eine nicht exakte Differentialform nicht ein "irgendwie geartetes d, δ, đ... von etwas" ist. Mit δQ werde ich eine <u>Variation</u> $\omega(\dot\gamma)$ von ω bezeichnen.

Mit dieser wird sich der 2. Hauptsatz befassen.

Bei einem reversiblen Prozess ist die dem System zugeführte
Wärme nach dem ersten Hauptsatz

$$Q = \int_{\gamma} \omega \,. \tag{4.6}$$

Für die Differentialformen dU, α, ω machen wir die folgende plau-
sible Additivitätsannahme:

> Für zwei Systeme in thermischem Kontakt sind die
> Differentialformen dU und α additiv.

Aus (4.5) folgt, dass auch ω additiv ist.

Diese Annahme ist natürlich nur sinnvoll, wenn Oberflächen-
effekte vernachlässigbar sind, was z.B. bei der Tröpfchenbildung nicht
der Fall ist.

5. Der zweite Hauptsatz

In diesem Abschnitt zeigen wir, dass aus der Unmöglichkeit eines Perpetuum mobile zweiter Art die Existenz eines integrierenden
Nenners für die Differentialform ω der reversiblen Wärme folgt,

$$\omega = T \, dS \,, \tag{5.1}$$

wobei dieser eine universelle Funktion allein der empirischen Temperatur θ ist. T ist die <u>absolute Temperatur</u>. Diese ist bis auf eine
Proportionalitätskonstante eindeutig. Die Zustandsgrösse S ist die
<u>Entropie</u>.

Wir leiten dieses Resultat auf zwei Arten ab. Zunächst geben
wir den lehrreichen Carnot-Clausiusschen Beweis, welcher in allen
Lehrbüchern zu finden ist. Im Anhang zu diesem Kapitel wird eine analytische Ableitung durchgeführt, welche zumindest mathematisch befriedigender ist.

A. Formulierungen des zweiten Hauptsatzes

Es gibt Prozesse, die nach dem 1. Hauptsatz möglich sind, aber doch in
der Natur nie vorkommen. Z.B. hat man nie beobachtet, dass sich ein
Stein plötzlich abkühlt und dabei hochhebt. Natürliche Prozesse sind
streng genommen immer <u>irreversibel</u>, d.h., es ist unmöglich, den Prozess ohne Veränderung in der Umgebung (ohne <u>Kompensation</u>) rückgängig

zu machen. Beispielsweise sind die innere Reibung und die Wärmeleitung irreversible Prozesse.

In der Natur nicht vorkommende Prozesse werden durch die folgenden Aussagen erfasst.

<u>Clausius (1854)</u>: "Es kann nie Wärme aus einem kälteren in einen wärmeren Körper übergehen, wenn nicht gleichzeitig eine andere damit zusammenhängende Aenderung eintritt."

<u>Planck (Thomson)</u>: "Es ist unmöglich, eine periodisch funktionierende Maschine zu konstruieren, die weiter nichts bewirkt als Hebung einer Last und Abkühlung eines Wärmereservoirs." (Unmöglichkeit eines Perpetuum mobile zweiter Art.)

Diese beiden Aussagen sind äquivalent. Das sieht man so:

(i) Würde die Plancksche Aussage nicht gelten (gäbe es also ein Perpetuum mobile zweiter Art), so könnte man die aus der Abkühlung des Wärmereservoirs gewonnene Arbeit in einem wärmeren Körper wieder in Wärme verwandeln und deshalb wäre auch die Aussage von Clausius falsch.

(ii) Angenommen die Aussage von Clausius wäre falsch. Dann könnten wir eine Maschine (d.h. ein thermodynamisches System, das eine zyklische Zustandsänderung durchläuft) konstruieren, die folgendes macht. Dem wärmeren Körper wird die Wärmemenge Q_1 entnommen und dem kälteren die Wärme Q_2 abgegeben. Die dabei von der Maschine geleistete Arbeit ist $A = Q_1 - Q_2$. Ueberträgt man anschliessend (entgegen der Aussage von Clausius) die Wärme Q_2 vom kühleren Speicher in den wärmeren Speicher, so bleibt als einzige Aenderung die vollständige Umwandlung der Wärme $Q_1 - Q_2$ des wärmeren Körpers in Arbeit. Dies widerspricht aber der Aussage von Planck.

B. Der Carnotsche Kreisprozess

Aus der Unmöglichkeit eines Perpetuum mobile zweiter Art ziehen wir nun wichtige Konsequenzen. Dazu untersuchen wir den Wirkungsgrad der Carnot-Maschine.

Der Carnotsche Kreisprozess an einem <u>beliebigen Medium</u> verläuft auf reversible Weise wie folgt (vgl. Figur 5.1).

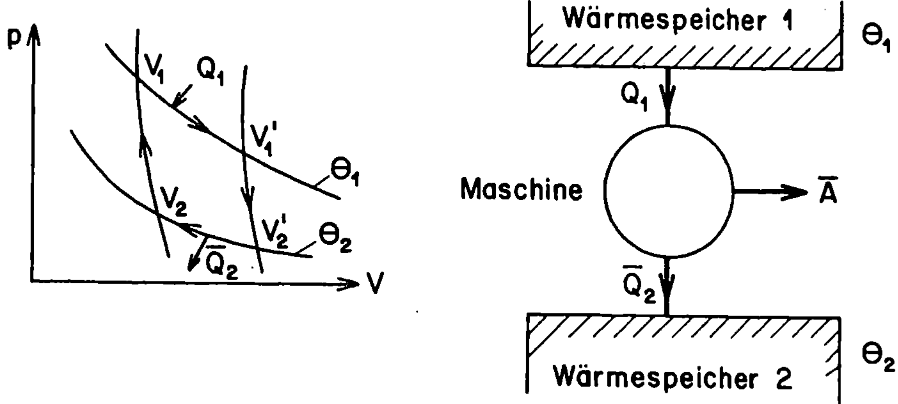

<u>Fig. 5.1.</u> Der Carnot-Prozess

1. Vom Anfangszustand V_1, Θ_1 ausgehend wird das Volumen im Kontakt
   mit einem ersten Wärmebad [7] (Temperatur Θ_1) <u>isotherm</u> auf das Volumen V_1' expandiert. Dabei wird dem Wärmebad die Wärme Q_1 entnommen.

2. Der Kontakt mit dem Wärmebad wird gelöst und das System <u>adiabatisch</u>
   auf das Volumen V_2' expandiert. Da auch die adiabatische Expansion mit einer Arbeitsabgabe nach aussen verbunden ist, muss sich
   die innere Energie verringern, und die Temperatur sinkt auf die
   Temperatur Θ_2 eines zweiten Wärmebades.

3. Im Kontakt mit dem zweiten Wärmebad komprimieren wir das Volumen
   von V_2' <u>isotherm</u> auf V_2 . Es wird dabei die Wärme [8] $\bar{Q}_2$ an das
   zweite Wärmebad abgegeben.

4. Wir komprimieren schliesslich <u>adiabatisch</u> vom Volumen V_2 zum Volumen V_1 . Dadurch wird die Temperatur wieder auf Θ_1 erhöht. Mit
   diesem Schritt ist der Ausgangszustand wieder erreicht und eine
   Periode des Arbeitsvorganges vollendet.

---

[7] Ein Wärmereservoir wird stets so gross angenommen, dass die Wärmeabgabe oder Wärmeaufnahme seinen Zustand nur vernachlässigbar
wenig ändert.

[8] Rechnen wir die nach aussen abgegebene Wärme, bzw. Arbeit positiv,
so bezeichnen wir sie mit $\bar{Q}$ bzw. $\bar{A}$.

Aus dem Energiesatz folgt

$$\Delta U = 0 = A + Q , \qquad Q = Q_1 - \overline{Q}_2 = Q_1 + Q_2$$

oder

$$\overline{A} = - A = Q_1 - \overline{Q}_2 = Q_1 + Q_2 .$$

Der **thermische Wirkungsgrad** einer Maschine ist das Verhältnis aus ab-
gegebener Arbeit und zugeführter Wärmemenge

$$\eta := \frac{\overline{A}}{Q_1} = 1 - \frac{\overline{Q}_2}{Q_1} . \qquad (5.2)$$

Dieser liegt zwischen null und eins. Für $\eta = 1$ wäre $\overline{Q}_2 = 0$ und damit hätten wir ein Perpetuum mobile 2. Art.

Wir beweisen nun den folgenden

SATZ (Carnot 1824). a) KEINE MASCHINE, DIE ZWISCHEN ZWEI WAERME-
SPEICHERN (MIT ZWEI VORGEGEBENEN TEMPERATUREN) ARBEITET, HAT EINEN
BESSEREN WIRKUNGSGRAD ALS DIE CARNOT-MASCHINE.

b) FUER ALLE REVERSIBLEN MASCHINEN ZWISCHEN DEN BEIDEN WAERMERESER-
VOIRS IST DER WIRKUNGSGRAD GLEICH.

Beweis: Benützt man eine Carnot-Maschine C in umgekehrter Richtung, so
wirkt sie als Wärmepumpe, indem sie die Wärmemenge Q_2 dem Wärmereservoir mit der niedrigeren Temperatur θ_2 entnimmt und im Wärmebe-
hälter mit der Temperatur θ_1 die Wärmemenge $\overline{Q}_1$ abgibt. Die dabei
dem Arbeitsmedium der Carnot-Maschine zugeführte Arbeit ist

$$A = \eta \, \overline{Q}_1 = \frac{\eta}{1 - \eta} \, Q_2 .$$

Nun lassen wir zwischen den gleichen Reservoiren eine beliebige Maschine X mit dem Wirkungsgrad η' laufen. Für die in der Abbildung
5.2 eingeführten Grössen gilt

$$\overline{A}' = \eta' \, \overline{Q}_1' , \qquad \eta' = 1 - \frac{\overline{Q}_2'}{Q_1'} .$$

Benutzen wir nun C, um die von X bei θ_2 abgegebene Wärme $\overline{Q}_2'$ wieder auf θ_1 hinaufzupumpen ($\overline{Q}_2' = Q_2$) , so benötigen wir die Pump-
arbeit

$$A = \frac{\eta}{1 - \eta} \, \overline{Q}_2' = \frac{\eta}{1 - \eta} (1 - \eta') \, \overline{Q}_1' .$$

Die gesamte, aus beiden Maschinen gewonnene Arbeit ist daher

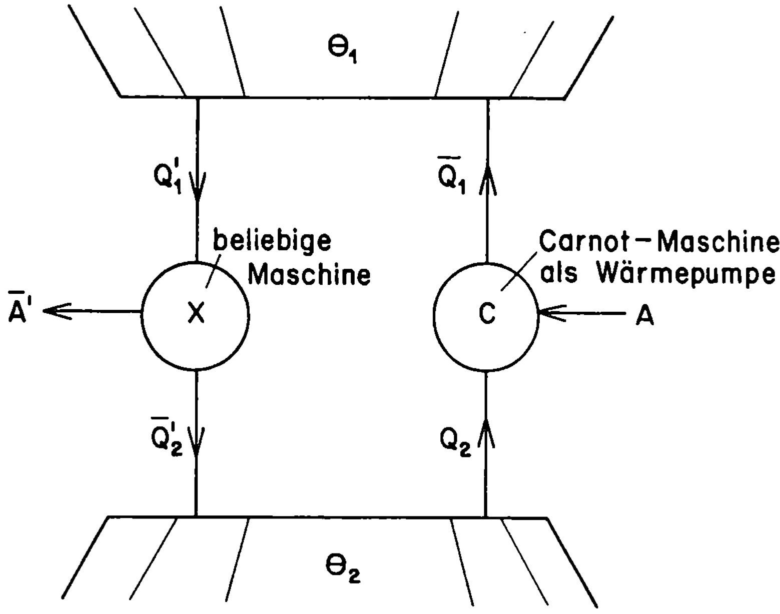

<u>Fig. 5.2</u>

$$\bar{A}_{ges.} = \bar{A}' - A = \left[\eta' - \frac{\eta}{1-\eta}(1-\eta')\right]Q'_1 = \frac{\eta'-\eta}{1-\eta}Q'_1.$$

Da das kühlere Wärmereservoir seinen Anfangszustand wieder erreicht hat, muss nach der Planckschen Aussage $\bar{A}_{ges} \leqslant 0$ sein. Daraus folgt

$$\eta' \leqslant \eta \; , \tag{5.3}$$

da Q'_1 positiv und $\eta < 1$ ist. Damit ist Teil a) des Satzes bewiesen.

Wir nehmen nun an, die Maschine durchlaufe einen reversiblen Kreisprozess. Dann gilt auch die umgekehrte Ungleichung $\eta \leqslant \eta'$, denn wir können nun X als Pumpe mit dem gleichen Wirkungsgrad η' und die Carnot-Maschine in der ursprünglichen Richtung laufen lassen (in Fig. 5.2 sind alle Pfeilrichtungen umzudrehen). Damit ist $\eta = \eta'$.

Für $\eta' < \eta$ muss der Kreisprozess in X irreversibel sein.

C. Die absolute Temperatur

Nach dem Satz von Carnot gibt es eine universelle Funktion $f(\theta_1,\theta_2)$, so dass für alle reversiblen Maschinen, die zwischen zwei Reservoiren mit den Temperaturen θ_1 und θ_2 arbeiten, folgendes gilt:

$$\frac{Q_1}{\overline{Q}_2} = f(\theta_1,\theta_2) \ . \tag{5.4}$$

Um über die Funktion f weitere Aussagen zu erhalten, ziehen wir noch ein weiteres Wärmebad heran und betrachten mit zwei Carnot-Maschinen die folgende Anordnung (Fig. 5.3).

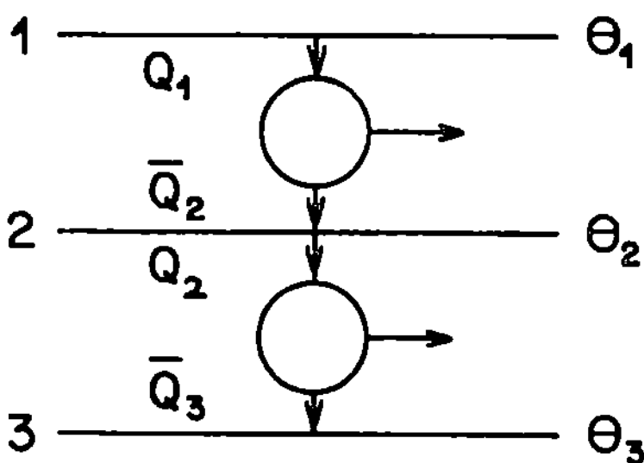

Fig. 5.3

Die Maschinen sind so gewählt, dass $\overline{Q}_2 = Q_2$ ist. Es gilt

$$\frac{Q_1}{\overline{Q}_2} = f(\theta_1,\theta_2) \ , \quad \frac{Q_2}{\overline{Q}_3} = f(\theta_2,\theta_3) \quad \frac{Q_1}{\overline{Q}_3} = f(\theta_1,\theta_3) \ .$$

Daraus ergibt sich

$$f(\theta_1,\theta_2) \, f(\theta_2,\theta_3) = f(\theta_1,\theta_3) \ . \tag{5.5}$$

Da θ_2 eine unabhängige Variable ist, die nur links erscheint, muss $f(\theta_1,\theta_2) = \varphi(\theta_1)/\varphi(\theta_2)$, mit einer monotonen Funktion φ , sein [9]. Es gilt also

$$\frac{Q_1}{\overline{Q}_2} = \frac{\varphi(\theta_1)}{\varphi(\theta_2)} \ ,$$

wobei $\varphi(\theta)$ eine universelle monotone Funktion ist.

---

[9] Für ein festes θ_0 sei $\varphi(\theta) := f(\theta,\theta_0)$. Aus (5.5) folgt $f(\theta,\theta_1)\varphi(\theta_1) = \varphi(\theta)$, d.h. die Behauptung ergibt sich ohne weitere Annahmen aus der Funktionalgleichung.

Wir definieren die absolute **Temperaturskala** T proportional zu $\varphi(\theta)$. Dann ist

$$\frac{Q_1}{Q_2} = \frac{T_1}{T_2} \tag{5.7}$$

und der Carnotsche Wirkungsgrad (5.2) ist

$$\eta = 1 - \frac{T_2}{T_1} < 1 . \tag{5.8}$$

Die absolute Temperatur ist eindeutig festgelegt, wenn wir in (5.7) für das zweite Wärmereservoir z.B. ein System aus Eis, Wasser und Wasserdampf (Tripelpunkt von Wasser) wählen und T_2 irgendwie festsetzen.

Es ist sehr wichtig, dass diese Temperaturmessung von keiner speziellen Substanz abhängt. Wegen $\eta < 1$ ist $T > 0$.

D. Die Entropie

Nun beweisen wir den zentralen

SATZ (Clausius). BEI EINEM BELIEBIGEN REVERSIBLEN KREISPROZESS GILT DIE GLEICHUNG

$$\oint \frac{\omega}{T} = 0 , \tag{5.9}$$

WOBEI SICH DAS INTEGRAL UEBER EINEN VOLLEN ZYKLUS ERSTRECKT.

Beweis: Wir denken uns den Kreisprozess am System Σ durch geeignete reversible isotherme und adiabatische Schritte angenähert (vgl. die Abb. 5.4). Das System Σ wird während der Zustandsänderung nacheinander mit Wärmereservoiren, welche die gleiche Temperatur $T_1,\ldots,T_n$ haben wie sie das System während der isothermen Schritte hat, in Kontakt gebracht, wobei Q_i die Wärmemenge ist, die das System Σ im i-ten Schritt aus dem i-ten Speicher aufnimmt. Wir fügen dieser Anordnung noch n Carnot-Maschinen (C_i) hinzu, die zwischen T_i und T_0 ($T_0 > T_i$) arbeiten. Die verschiedenen aufgenommenen und abgegebenen Wärmemengen sind in der Fig. 5.4 eingezeichnet. Dabei wählen wir $\overline{Q}_i' = Q_i$. Für jede dieser Carnot-Maschinen gilt nach (5.7)

$$\frac{Q_i^0}{\overline{Q}_i'} = \frac{T_0}{T_i} \implies \frac{Q_i^0}{Q_i} = \frac{T_0}{T_i} .$$

(Das Vorzeichen der Wärmemengen bezieht sich auf die jeweiligen Maschinen.) Für die gestrichelt eingerahmte Anordnung gilt deshalb: Die n Wärmespeicher $T_1,\ldots,T_n$ bleiben nach einem vollen Zyklus unver-

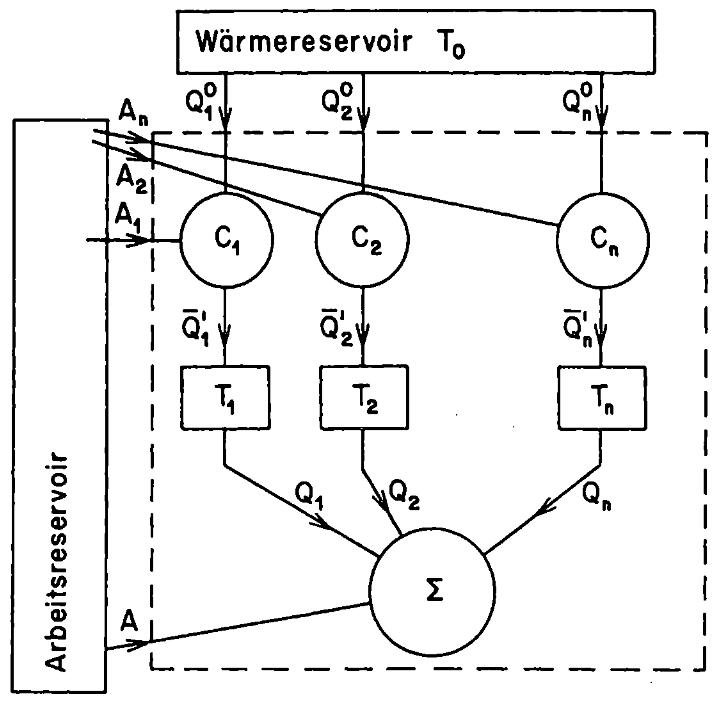

1. Hauptsatz: $\sum A_i + A + \sum Q_i^0 = 0$

2. Hauptsatz: $\sum A_i + A \geqslant 0$

<u>Fig. 5.4</u>

ändert; lediglich vom Reservoir T_0 wird den Carnot-Maschinen die Wärme

$$Q_0 := \sum_{i=1}^n Q_i^0 = T_0 \sum_{i=1}^n \frac{Q_i}{T_i}$$

zugeführt und vollständig in Arbeit verwandelt. Dies ist nach der Planckschen Formulierung des 2. Hauptsatzes nur möglich, wenn $Q_0 \leqslant 0$ ist. Da $T_0 > 0$ ist, folgt

$$\boxed{\sum_{i=1}^n \frac{Q_i}{T_i} = \frac{Q_0}{T_0} \leqslant 0 .} \qquad (5.10)$$

Dies beweist (nach einem Grenzübergang)

$$\oint \frac{\delta Q}{T} \leqslant 0 .$$

Dasselbe gilt auch für den umgekehrten Prozess und somit folgt (5.9).

<u>Bemerkung.</u> Aus der Herleitung geht hervor, dass die Ungleichung
(5.10) auch für irreversible Prozesse gilt. Das System wird dabei
zwar keine wohldefinierte Temperatur haben. Es genügt aber, dass die
Körper, aus denen die Wärme bezogen wird, eine bestimmte Temperatur
(T_i in (5.10)) besitzen. Lässt sich in (5.10) der Limes zu einer kon-
tinuierlichen Folge von Prozessen durchführen, so erhalten wir die
<u>Ungleichung von Clausius</u>:

$$\oint \frac{\delta Q}{T} = \frac{Q_0}{T_0} \leqslant 0 \ . \tag{5.10'}$$

(Beachte, dass δQ für irreversible Prozesse - genau so wenig wie die
zugeführte Arbeit - als Differentialform aufgefasst werden kann.)

Aus (5.9) folgt (vgl. Satz 1 auf S. 4), dass eine Zustandsfunktion S existiert, so dass

$$\frac{\omega}{T} = dS \tag{5.11}$$

ist, d.h. T ist ein integrierender Nenner des reversiblen Wärme-
differentials. (Umgekehrt ist (5.9) eine Konsequenz von (5.11).)

Aus (4.3), (4.5) und (5.11) folgt die wichtige <u>Relation von</u>
<u>Gibbs</u>:

$$\boxed{dU = TdS + \sum_{i=1}^{n} y_i \, dx^i \ .} \tag{5.12}$$

Besteht der geschlossene Weg in (5.10') aus einem irreversiblen Prozess von $z_1 \longrightarrow z_2$ und einem reversiblen Prozess von
$z_2 \longrightarrow z_1$, so ergibt sich mit (5.11) die Ungleichung

$$S(z_2) - S(z_1) = \int_{z_1}^{z_2} \frac{\delta Q}{T} - \frac{Q_0}{T_0} \geqslant \int_{z_1}^{z_2} \frac{\delta Q}{T} \ . \tag{5.13}$$

E. Gleichheit der Idealgas-Temperaturskala und der absoluten Temperaturskala

Die Temperaturskala T_g des idealen Gasgesetzes ist so festgelegt,
dass (Boyle)

$$p = \frac{RN}{V} \ T_g(T) \qquad (N: \text{Molzahl}).$$

Ferner ist für ein ideales Gas die innere Energie nur eine Funktion
von T (Joule). Deshalb gilt nach (5.12) und (4.2)

$$dS = \frac{1}{T} \left(pdV + \frac{dU}{dT} \, dT \right)$$

und folglich

$$\frac{\partial S}{\partial V} = \frac{p}{T} = \frac{RN}{V} \; \frac{T_g(T)}{T} \; ,$$

$$\frac{\partial S}{\partial T} = \frac{1}{T} \; \frac{dU}{dT} \; .$$

Aus diesen beiden Gleichungen folgt

$$\frac{\partial^2 S}{\partial V \partial T} = 0 = \frac{RN}{V} \; \frac{d}{dT} \left(\frac{T_g(T)}{T} \right) \; ,$$

d.h. $T_g(T) = $ const $\cdot T$. Bei geeigneter Wahl der Einheiten ist $T_g = T$
und folglich gilt

$$pV \;\; = \;\; N \, R \, T \; . \tag{5.14}$$

In den Uebungen werden wir den Zusammenhang von empirischer und absoluter Temperatur noch vertiefen. $T(\theta)$ ist, wie wir sehen werden,
schon bestimmt, wenn $(\frac{\partial p}{\partial \theta})_V$ und $(\frac{\partial U}{\partial V})_\theta$ bekannt sind.

F. Extremaleigenschaft der Entropie

Für die Untersuchung der Gleichgewichtszustände ist es wichtig, zum
Vergleich auch gehemmte Gleichgewichte zu betrachten. Darunter verstehen wir Zustände eines Systems, welches aus einer Anzahl von Teil-
systemen besteht, von denen jedes für sich im Gleichgewicht ist. Durch
künstliche Vorrichtungen sollen diese Teilsysteme daran gehindert werden, miteinander zu reagieren. Man denke z.B. an eine undurchlässige
Wand, welche zwei Gasphasen trennt und deren Mischung unmöglich macht.
Entfernt man eine solche Wand, was mit beliebig kleiner Arbeit geschehen kann, so setzt ein irreversibler Prozess ein, bis ein neuer
Gleichgewichtszustand erreicht ist. Oder es handle sich um zwei Stoffe,
welche sich unter gewissen Bedingungen nicht chemisch verbinden können, dazu aber durch Hinzufügung eines Katalysators befähigt werden.
Dieser nimmt am Energieaustausch nicht teil, aber ermöglicht einen irreversiblen chemischen Prozess und den Uebergang in einen neuen Gleichgewichtszustand. Ueber die Einzelheiten dieses Prozesses sagt der 2.
Hauptsatz nichts aus. (Es ist auch nicht klar, was die Entropie eines
Nichtgleichgewichtszustandes ist.) Aber er erlaubt uns, über die Entropieänderung beim Uebergang Aussagen zu machen.

Als Beispiel betrachten wir die Entropievermehrung bei der Wärmeleitung.

Anfangszustand (z_1', z_2') : $\boxed{z_1', \; T_1'}$ $\boxed{z_2', \; T_2'}$ $T_1' \neq T_2'$.

Teilsystem 1   Teilsystem 2

Ein Wärmeleiter hebt die Hemmung gegenüber der Temperatur auf.

Endzustand (z_1, z_2): $\boxed{z_1, T_1}$————$\boxed{z_2, T_2}$ $T_1 = T_2$.

Um die Entropieänderung zu berechnen, entfernen wir jetzt den Wärmeleiter und bringen in einem reversiblen Prozess das System wieder in
den Anfangszustand zurück. Dazu benutzen wir die Anordnung der Fig.
5.4 - wir nennen sie die Standardanordnung. Dann wird vom Wärmereservoir (T_0) die Wärme Q_0 , bestimmt durch

$$\frac{Q_0}{T_0} = \int_{z_1}^{z_1'} \frac{\omega_1}{T_1} + \int_{z_2}^{z_2'} \frac{\omega_2}{T_2} = S_1(z_1') - S_1(z_1) + S_2(z_2') - S_2(z_2) , \tag{5.15}$$

abgeführt und vollständig in Arbeit verwandelt. Der zweite Hauptsatz
verlangt $Q_0 \leqslant 0$, d.h.

$$S_1(z_1') + S_2(z_2') \leqslant S_1(z_1) + S_2(z_2) . \tag{5.16}$$

Definieren wir die Entropie im Anfangszustand additiv

$$S = S_1 + S_2 , \tag{5.17}$$

so kann nach (5.16) für ein isoliertes System die Entropie bei einem
spontanen Prozess nicht abnehmen:

$$\boxed{\Delta S \geqslant 0} \qquad \text{(für isoliertes System)}. \tag{5.18}$$

Dies ist der 2. Teil des 2. Hauptsatzes. In (5.18) gilt das Gleich-
heitszeichen für reversible Prozesse. Die Entropiezunahme ist ein Mass
für die Irreversibilität.

6. Intensive und extensive Grössen, Konkavität der Entropie

Als neue Variable eines reinen Stoffes führen wir jetzt noch
die Substanzmenge N (Molzahl) ein. (Die folgenden Ueberlegungen werden in § III.6.1 auf Gemische verallgemeinert.)

Nach dem Postulat auf S. 25 ist dU additiv. Durch eine geeignete Normierung können wir auch U additiv wählen. Dazu genügt es, in
einem homogenen Standardzustand (p_0, T_0) die innere Energie proportional zu N zu wählen: $U(p_0, T_0, N) = U_0 N$ [10].

10) siehe nächste Seite.

Da - nach dem gleichen Postulat - auch ω additiv ist, ist
für zwei Systeme in thermischem Kontakt auch dS additiv. Setzen wir
im homogenen Standardzustand $S(p_o,T_o,N) = S_o N$, so ist auch <u>S addi</u><u>tiv</u>.

Jeder GZ einer reinen Substanz ist durch $(U,V,N) =: X$ eindeutig charakterisiert. Die Menge der GZ bildet einen Kegel K , d.h. es gilt

(i) $\lambda X \in K$, für $X \in K$, $\lambda > 0$;

(ii) $X_1 + X_2 \in K$, falls X_1, $X_2 \in K$.

Eine Zustandsgrösse $\phi(X)$ heisst <u>intensiv</u>, wenn ϕ homogen [11] vom Grade 0 ist und <u>extensiv</u>, wenn ϕ homogen vom Grade 1 ist.

<u>Beispiele:</u> p, T sind intensiv und S ist extensiv (Folge der Additivität).

Wir zeigen nun, dass die <u>Entropie konkav</u> ist. Dazu betrachten
wir wieder zwei isolierte Systeme, 1 und 2, aus der gleichen reinen
Substanz, welche beide für sich im Gleichgewicht sind. Ihre Entropien,
inneren Energien, Volumina und Molzahlen seien (S_1,U_1,V_1,N_1), bzw.
(S_2,U_2,V_2,N_2). Nun bringen wir die beiden Systeme in Kontakt (sehr
durchlässige Wand). Im spontan sich einstellenden Endzustand seien die
entsprechenden Grössen S,U,V,N; dabei gilt

$$U = U_1 + U_2 , \qquad V = V_1 + V_2 , \qquad N = N_1 + N_2 .$$

---

[10] Damit diese Bemerkungen nicht als blosse Selbstverständlichkeiten
genommen werden, sei darauf hingewiesen, dass für ein selbstgravi-
tierendes System die innere Energie <u>nicht</u> proportional zur Teilchenzahl ist. Mit wachsender Teilchenzahl wird z.B. für T = 0 der
Zustand des Systems (Weisser Zwerg, Neutronenstern) zunehmend kon-
densierter. Die Tatsache, dass für ein Stück homogener makrosko-
pischer Materie (bei vernachlässigbarer Eigengravitation) die innere Energie proportional zu N ist, beruht wesentlich darauf,
dass sich die elektromagnetischen Wechselwirkungen weitgehend
neutralisieren. Entscheidend ist aber auch das Pauliprinzip für
die Elektronen.
Auf der Basis der Quantenmechanik haben wir heute ein fundamen-
tales Verständnis für den extensiven Charakter der inneren Energie.

[11] Wir nennen eine Funktion f , welche in einem Gebiet des $\mathbb{R}^n$ definiert ist, <u>homogen vom Grade p</u> ,falls

$$f(\lambda x) = \lambda^p f(x), \quad \text{für} \quad \lambda > 0 . \tag{6.1}$$

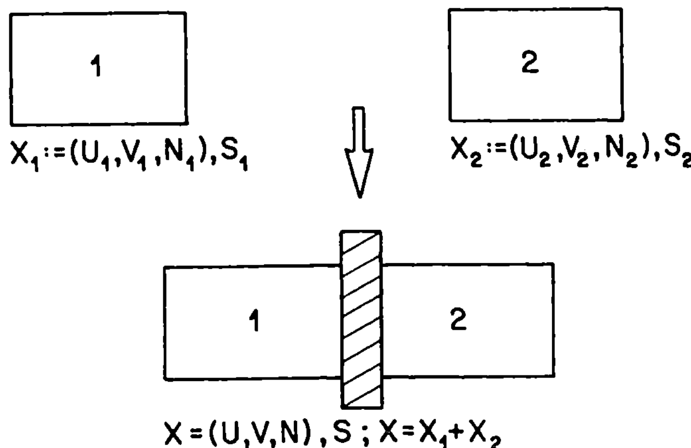

__Fig. 6.1__

Ich behaupte, dass die Summe der Entropien im Anfangszustand kleiner
ist als S . Der Beweis verläuft wie in Abschnitt 5.F. Wir führen das
System in zwei Schritten wieder in den Anfangszustand zurück. Zunächst
trennen wir dieses in zwei Teilsysteme mit den Substanzmengen N_1, N_2
und den Entropien $S_1^!$, $S_2^!$. Dies lässt sich adiabatisch, d.h. ohne
Entropievermehrung durchführen. Wegen der Additivität der Entropie ist
$S = S_1^! + S_2^!$. Mit der Standardanordnung (Fig. 5.4) führen wir in einem zweiten Schritt jedes System in seinen Anfangszustand zurück. Aus
dem zweiten Hauptsatz folgt (wie auf S. 34)

$$S_1(X_1) + S_2(X_2) \leqslant S_1' + S_2' = S(X) = S(X_1 + X_2).$$

Nun müssen aber offenbar S_1 , S_2 und S dieselben Funktionen sein.
Weil ausserdem S extensiv ist, gilt deshalb

$$S\left(\frac{X_1 + X_2}{2}\right) \geqslant \frac{1}{2}\left[S(X_1) + S(X_2)\right].$$

(6.2)

Daraus folgt aber die Konkavität der Entropie. Durch Induktion nach k
beweist man nämlich leicht die Gültigkeit von

$$S(t X_1 + (1-t) X_2) \geqslant t S(X_1) + (1-t) S(X_2)$$

für $t = j/2^k$, $j = 0,1,\ldots,2^k$. Aus Stetigkeitsgründen gilt deshalb
diese Ungleichung für beliebige $t \in [0,1]$.

7. Thermodynamische Potentiale, Extremalprinzipien

In diesem Abschnitt entwickeln wir die analytischen Methoden, mit denen wir thermodynamische Probleme lösen werden. Der Einfachheit halber betrachten wir nur ein <u>einkomponentiges</u> Fluidum in Abwesenheit von äusseren Feldern. Verallgemeinerungen auf kompliziertere Systeme erfolgen in Kapitel III.

A. Die Entropie

Wir fassen zunächst die bisherigen Ergebnisse zusammen.

Jeder GZ ist durch die extensiven Koordinaten U (innere Energie) V (Volumen) und N (Molzahl) eindeutig charakterisiert [12]; Bezeichnung X = (U,V,N). Die Menge der GZ bildet einen konvexen Kegel. Darauf ist die Entropie eine homogene Funktion vom 1. Grade und ausserdem konkav:

$$S(\lambda X) = \lambda S(X), \quad \lambda > 0 ; \tag{7.1}$$

$$S(tX_1 + (1-t)X_2) \geq t S(X_1) + (1-t) S(X_2), \tag{7.2}$$
$$0 \leq t \leq 1 .$$

Ferner ist S differenzierbar; das Differential

$$dS = \frac{1}{T}dU + \frac{p}{T}dV - \frac{\mu}{T}dN \tag{7.3}$$

liefert die Temperatur T , den Druck p und das <u>chemische Potential</u> μ des Fluidums:

$$\frac{1}{T} = \left(\frac{\partial S}{\partial U}\right)_{V,N} > 0 \;,\quad \frac{p}{T} = \left(\frac{\partial S}{\partial V}\right)_{U,N} ,\quad -\frac{\mu}{T} = \left(\frac{\partial S}{\partial N}\right)_{U,V} . \tag{7.4}$$

S ist (für feste V,N) eine monoton wachsende Funktion von U , damit die Temperatur positiv ist. Wenn der thermodynamische Druck ebenfalls positiv ist, so muss S (für feste U,N) eine monoton wachsende Funktion in V sein.

S als Funktion von U,V,N beschreibt die ganze Thermodynamik, nämlich durch die Zustandsgleichungen, welche p, T und μ als Funktionen von U,V,N ausdrücken. Durch weitere Ableitungen erhält man

---

[12] Man beachte, dass z.B. (p,V,N) für H_2O bei p = 1 atm in der Umgebung des Dichtemaximums bei $4°C$ gottlob keine guten Koordinaten sind (vgl. Fig.).

die spezifischen Wärmen und andere wichtige Grössen.

Jede Funktion S mit den oben aufgeführten Eigenschaften definiert eine mögliche TD, welche durch den Rahmen der Hauptsätze abgesteckt wird. (Für ein konkretes System kann S grundsätzlich erst in der statistischen Mechanik berechnet werden.)

Aus (7.1) und (7.2) folgt

$$S(X) = \sup_{\substack{X_1, X_2 \\ (X_1+X_2=X)}} \left[S(X_1) + S(X_2) \right]. \tag{7.5}$$

Das sieht man so: Zunächst folgt aus (7.1): $S(\frac{X}{2})+S(\frac{X}{2}) = 2 \times \frac{1}{2} S(X) = S(X)$, d.h. es ist $S(X) \leq \sup [S(X_1)+S(X_2)$. Anderseits folgt aus (7.2) für $t = \frac{1}{2}$: $S(\frac{X_1+X_2}{2}) \geq \frac{1}{2} S(X_1)+ \frac{1}{2} S(X_2)$, also mit (7.1) die Subadditivität $S(X) = S(X_1+X_2) \geq S(X_1)+ S(X_2)$. Daraus ergibt sich die Behauptung.

Gl. (7.5) hat die folgende Interpretation. Betrachten wir dieselbe Situation wie in Fig. 6.1, so liegt nur ein thermodynamisches Gleichgewicht für das gekoppelte System vor, wenn $S(X_1) + S(X-X_1)$ als Funktion von X_1 ein Maximum hat. Die aufgezählten Eigenschaften der Entropie implizieren also das folgende <u>Extremalprinzip</u>:

> DIE ENTROPIE IM GLEICHGEWICHTSZUSTAND IST MAXIMAL IM VERGLEICH ZU DEN ENTROPIEN DER GEHEMMTEN GLEICHGEWICHTSZUSTAENDE (ENTKOPPELTE SYSTEME MIT ADDITIV ERKLAERTER ENTROPIE) FUER GEGEBENE WERTE (U,V,N) FUER DAS GESAMTSYSTEM.

(Für die Herleitung der Konkavität der Entropie in §6 war umgekehrt dieses Extremalprinzip wesentlich.)

Als notwendige Bedingungen ergeben sich aus dem Extremalprinzip

$$\frac{\partial S}{\partial U}(X_1) - \frac{\partial S}{\partial U}(X-X_1) = 0 \, ,$$

$$\frac{\partial S}{\partial V}(X_1) - \frac{\partial S}{\partial V}(X-X_1) = 0 \, ,$$

$$\frac{\partial S}{\partial N}(X_1) - \frac{\partial S}{\partial N}(X-X_1) = 0 \, ;$$

d.h. es gelten die <u>Gleichgewichtsrelationen</u>:

$$T_1 = T_2 \, , \quad p_1 = p_2 \, , \quad \mu_1 = \mu_2 \, . \tag{7.6}$$

T, p, μ nennen wir deshalb auch <u>Gleichgewichtsparameter</u>.

Das Gleichgewicht stellt sich nur ein, wenn die Trennwand diatherm, beweglich und materiedurchlässig ist.

Liegt nur **thermisches** Gleichgewicht vor, d.h. ist die Wand diatherm, aber fest (isochor) und materieundurchlässig, so liegt nur ein Maximum bezüglich U_1 vor, d.h. es gilt nur $T_1 = T_2$. Im **thermo-mechanischen** Gleichgewicht ist die Wand beweglich und diatherm, und folglich gilt $T_1 = T_2$ und $p_1 = p_2$. Im **thermo-materiellen** Gleichgewicht schliesslich ist die Wand diatherm und materiedurchlässig und damit gilt $T_1 = T_2$, $\mu_1 = \mu_2$.

Im gehemmten Gleichgewicht (ungekoppeltes System) gilt nach (7.5) $S(X_1) + S(X_2) \leqslant S(X)$. Man überlege sich, was dies für die Energie und Materieströmung bedeutet, wenn die Hemmung aufgehoben wird.

Da dS ein exaktes Differential ist, ergeben sich Integrabilitätsbedingungen, sog. **Maxwell-Relationen**, wie z.B.

$$\frac{\partial^2 S}{\partial U \partial V} = \frac{\partial}{\partial U}(p/T)_{V,N} = \frac{\partial}{\partial V}(\mu/T)_{U,N} . \tag{7.7}$$

Da S konkav ist, gilt für die Hessesche $D^2 S \leqslant 0$ (vgl. Satz 2, S.4). Daraus ergeben sich als Ungleichungen **Stabilitätsbedingungen**. (Diese werden später ausgeschrieben.)

Für eine differenzierbare Funktion f , welche homogen vom Grade p ist $(f(\lambda x) = \lambda^p f(x)$, $\lambda > 0)$, erhält man durch Differentiation nach λ an der Stelle $\lambda = 1$ die Eulersche Diffgl.

$$\sum x_i \frac{\partial f}{\partial x_i} = p\, f(x). \tag{7.8}$$

Speziell für S folgt aus (7.4) die **Homogenitätsrelation**

$$S = \frac{1}{T}\left(U + p V - \mu N\right). \tag{7.9}$$

8. Die innere Energie

Wegen der Monotonie von $S(U,V,N)$ in U existiert die Umkehrfunktion $U(S,V,N)$. Aus den Eigenschaften von S folgert man (Uebungsaufgabe):

$$\text{(i)} \quad U(\lambda S, \lambda V, \lambda N) = \lambda U(S,V,N);$$

(ii) $U(S,V,N)$ ist monoton wachsend in S ;

(iii) $U(S,V,N)$ ist monoton in V ; $\tag{7.10}$

(iv) $U(S,V,N)$ ist konvex.

Ferner gilt nach (7.3)

$$dU = TdS - pdV + \mu dN \qquad (7.11)$$

d.h.

$$\left(\frac{\partial U}{\partial S}\right)_{V,N} = T \; , \quad \left(\frac{\partial U}{\partial V}\right)_{S,N} = -p \; , \quad \left(\frac{\partial U}{\partial N}\right)_{S,V} = \mu \; . \qquad (7.12)$$

An Stelle von (7.5) gilt jetzt, mit $X := (S,V,N)$,

$$U(X) = \inf_{\substack{X_1, X_2 \\ (X_1 + X_2 = X)}} \left[U(X_1) + U(X_2) \right] . \qquad (7.13)$$

Dies bedeutet insbesondere, dass in jedem Gleichgewichtszustand die
innere Energie minimal wird relativ zu den gehemmten GZ mit vorgegebenen (S,V,N) .

Aus (7.9) ergibt sich die Homogenitätsrelation

$$U = TS - pV + \mu N . \qquad (7.14)$$

C. Die freie Energie (T statt S)

Wir suchen nun nach "Koordinatentransformationen", die zu keinem Informationsverlust über das TD System führen. Anstelle von (S,V,N) sind
z.B. (T,V,N) wesentlich einfacher zu messen.

Man könnte zunächst versucht sein, die Gleichung
$T = (\partial U / \partial S)_{V,N}$ nach S aufzulösen und U durch (T,V,N) auszudrücken: $U(T,V,N) = U(S(T,V,N),V,N)$. Dies führt aber zu einem Informationsverlust, wie am Ende von § I.3 gezeigt wurde.

Um das zu vermeiden, führen wir eine Legendre-Transformation
aus (vgl. § I.3):

$$F(T,V,N) = \inf_{S} \left[U(S,V,N) - TS \right] \qquad (7.15)$$

$$= U(S_0,V,N) - S_0 \left(\frac{\partial U}{\partial S}\right)(S_0,V,N) , \qquad (7.16)$$

wobei S_0 ein Entropiewert ist, bei dem die Stützgerade den Anstieg
T hat. Enthält der Graph von U flache Stücke (wie bei Phasenüber-
gängen, vgl. § III.4), so ist S_0 nicht eindeutig, d.h. der Uebergang
$(S,V,N) \longmapsto (T,V,N)$ ist keine Koordinatentransformation (da er nicht
injektiv ist). Dieser ist also mit einem Informationsverlust für die
Zustände, jedoch nicht für die Thermodynamik verbunden, da es bei
letzterer auf Ableitungen der Potentiale, d.h. auf lokale und nicht
punktuelle Eigenschaften ankommt. (Auf diese Bemerkung werden wir bei
der Diskussion der Phasenübergänge in § III.4 zurückkommen.)

Kommen flache Stücke vor, so verliert man im zugehörigen Bildbereich für das transformierte Potential i.a. Differenzierbarkeit (mache ein Beispiel).

$F(T,V,N)$ ist offenbar konkav in T und konvex in V und N. Dies bedeutet physikalisch das folgende

Extremalprinzip für die freie Energie: F ist im Gleichgewichtszustand (T,V,N) minimal relativ zu allen gehemmten GZ (T,V_1,N_1) , (T,V_2,N_2) mit $V = V_1 + V_2$, $N = N_1 + N_2$:

$$F(T,V,N) = \inf_{\substack{V_1+V_2=V \\ N_1+N_2=N}} \left[F(T,V_1,N_1) + F(T,V_2,N_2) \right] \tag{7.17}$$

Wärmebad

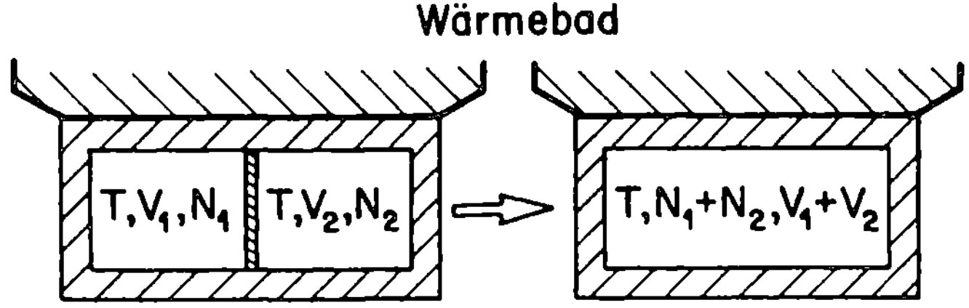

Dort wo F differenzierbar ist, gilt

$$dF = dU - d(TS) = -S\,dT - p\,dV + \mu\,dN \tag{7.18}$$

d.h.

$$\left(\frac{\partial F}{\partial T}\right)_{V,N} = -S \ , \quad \left(\frac{\partial F}{\partial V}\right)_{T,N} = -p \ , \quad \left(\frac{\partial F}{\partial N}\right)_{T,V} = \mu \ . \tag{7.19}$$

Dies gibt wieder Anlass zu Maxwell-Relationen. (Alle diese werden wir weiter unten tabellarisch aufführen.)

Aus der Homogenitätsrelation (7.9) folgt

$$F = -pV + \mu N \ . \tag{7.20}$$

<u>D. Enthalpie</u> (p statt V)

Diese ist definiert durch

$$H(S,p,N) = \inf_{V} \left[U(S,V,N) + pV \right] \ . \tag{7.21}$$

H ist konkav in p und konvex in S,N, d.h. es gilt das

Extremalprinzip für die Enthalpie: H ist im GZ minimal relativ zu allen gehemmten GZ (S_1,p,N_1), (S_2,p,N_2) mit $S = S_1+S_2$, $N = N_1+N_2$:

$$H(S,p,N) = \inf_{\substack{S_1+S_2=S \\ N_1+N_2=N}} \left[H(S_1,p,N_1)+H(S_2,p,N_2) \right].$$

$$(7.22)$$

Dort wo H differenzierbar ist, gilt

d.h.
$$dH = dU + d(pV) = TdS + Vdp + \mu\,dN \qquad (7.23)$$

$$\left(\frac{\partial H}{\partial S}\right)_{p,N} = T \;,\quad \left(\frac{\partial H}{\partial p}\right)_{S,N} = V \;,\quad \left(\frac{\partial H}{\partial N}\right)_{S,p} = \mu \;, \qquad (7.23')$$

woraus wieder Maxwell-Relationen folgen.

Aus (7.9) ergibt sich jetzt die Homogenitätsrelation

$$H = TS + \mu N . \qquad (7.24)$$

E. Das Gibbssche Potential (freie Enthalpie)

Dieses ist besonders nützlich für mehrkomponentige Systeme (eventuell
mit chemischen Reaktionen), da (T,p) zu seinen natürlichen Variablen
gehören. Die Definition lautet

$$\begin{aligned}
G(T,p,N) &= \inf_{S,V} \left[U(S,V,N) - TS + pV \right] \\
&= \inf_{S} \left[H(S,p,N) - TS \right] \\
&= \inf_{V} \left[F(T,V,N) + pV \right].
\end{aligned} \qquad (7.25)$$

$G(T,p,N)$ ist konkav in T,p und proportional zu N (siehe Gl.(7.27)
unten). Deshalb ist das Minimalprinzip für G bei einem einkomponen-

tigen Fluidum trivial.

Das Differential lautet (wo es existiert):

$$dG = dF + d(pV) = -SdT + Vdp + \mu\, dN \qquad (7.26)$$

und folglich gilt

$$\left(\frac{\partial G}{\partial T}\right)_{p,N} = -S, \quad \left(\frac{\partial G}{\partial p}\right)_{T,N} = V, \quad \left(\frac{\partial G}{\partial N}\right)_{T,p} = \mu. \qquad (7.26')$$

Aus der Homogenitätsrelation wird jetzt

$$G = \mu N. \qquad (7.27)$$

F. Das grosskanonische Potential

Dieses spielt vor allem in der statistischen Mechanik eine wichtige Rolle (für die grosskanonische Gesamtheit). Es ist definiert durch

$$\Omega(T,V,\mu) = \inf_{S,N}\left[U(S,V,N) - TS - \mu N\right]. \qquad (7.28)$$

$\Omega(T,V,\mu)$ ist konvex in T und μ. Ferner gilt

$$d\Omega = -SdT - pdV - Nd\mu \qquad (7.29)$$

d.h.

$$\left(\frac{\partial\Omega}{\partial T}\right)_{V,\mu} = -S, \quad \left(\frac{\partial\Omega}{\partial V}\right)_{T,\mu} = -p, \quad \left(\frac{\partial\Omega}{\partial\mu}\right)_{T,V} = -N \qquad (7.29')$$

und die Homogenitätsrelation gibt

$$\Omega(T,V,\mu) = -Vp(T,\mu). \qquad (7.30)$$

Die wichtigsten Formeln dieses Abschnitts halten wir für den späteren Gebrauch in Tabelle I fest. Anschliessend gebe ich eine graphische Gedächtnisstütze.

<u>Tabelle I.</u> Thermodynamische Potentiale, Maxwell-Relationen

Potential	Unabhängige Variablen	Konjugierte Variablen	Maxwell-Relationen
U innere Energie	S, V, N $dU = TdS - pdV + \mu dN$	$\left(\frac{\partial U}{\partial S}\right)_{V,N} = T\,,\;\left(\frac{\partial U}{\partial V}\right)_{S,N} = -p$ $\left(\frac{\partial U}{\partial N}\right)_{S,V} = \mu$	$\left(\frac{\partial T}{\partial V}\right)_{S,N} = -\left(\frac{\partial p}{\partial S}\right)_{V,N}\,,\;\left(\frac{\partial T}{\partial N}\right)_{S,V} = \left(\frac{\partial \mu}{\partial S}\right)_{V,N}$ $-\left(\frac{\partial p}{\partial N}\right)_{S,V} = +\left(\frac{\partial \mu}{\partial V}\right)_{S,N}$
F freie Energie $F = U - TS$	T, V, N $dF = -SdT - pdV + \mu dN$	$\left(\frac{\partial F}{\partial T}\right)_{V,N} = -S\,,\;\left(\frac{\partial F}{\partial V}\right)_{T,N} = -p$ $\left(\frac{\partial F}{\partial N}\right)_{T,V} = \mu$	$\left(\frac{\partial S}{\partial V}\right)_{T,N} = \left(\frac{\partial p}{\partial T}\right)_{V,N}\,,\;-\left(\frac{\partial S}{\partial N}\right)_{T,V} = \left(\frac{\partial \mu}{\partial T}\right)_{V,N}$ $-\left(\frac{\partial p}{\partial N}\right)_{T,V} = \left(\frac{\partial \mu}{\partial V}\right)_{T,N}$
H Enthalpie $H = U + pV$	S, p, N $dH = TdS + Vdp + \mu dN$	$\left(\frac{\partial H}{\partial S}\right)_{p,N} = T\,,\;\left(\frac{\partial H}{\partial p}\right)_{S,N} = V$ $\left(\frac{\partial H}{\partial N}\right)_{S,p} = \mu$	$\left(\frac{\partial T}{\partial p}\right)_{S,N} = \left(\frac{\partial V}{\partial S}\right)_{p,N}\,,\;\left(\frac{\partial T}{\partial N}\right)_{S,p} = \left(\frac{\partial \mu}{\partial S}\right)_{p,N}$ $\left(\frac{\partial V}{\partial N}\right)_{S,p} = \left(\frac{\partial \mu}{\partial p}\right)_{S,N}$
G Gibbsches Potential $G = U - ST + pV$	T, p, N $dG = -SdT + Vdp + \mu dN$	$\left(\frac{\partial G}{\partial T}\right)_{p,N} = -S\,,\;\left(\frac{\partial G}{\partial p}\right)_{T,N} = V$ $\left(\frac{\partial G}{\partial N}\right)_{T,p} = \mu$	$-\left(\frac{\partial S}{\partial p}\right)_{T,N} = \left(\frac{\partial V}{\partial T}\right)_{p,N}\,,\;-\left(\frac{\partial S}{\partial N}\right)_{T,p} = \left(\frac{\partial \mu}{\partial T}\right)_{p,N}$ $\left(\frac{\partial V}{\partial N}\right)_{T,p} = \left(\frac{\partial \mu}{\partial p}\right)_{T,N}$
Ω grosskan. Potential $\Omega = U - TS - \mu N$ $= -pV$	T, V, μ $d\Omega = -SdT - pdV - Nd\mu$	$\left(\frac{\partial \Omega}{\partial T}\right)_{V,\mu} = -S\,,\;\left(\frac{\partial \Omega}{\partial V}\right)_{T,\mu} = -p$ $\left(\frac{\partial \Omega}{\partial \mu}\right)_{T,V} = -N$	$\left(\frac{\partial S}{\partial V}\right)_{T,\mu} = \left(\frac{\partial p}{\partial T}\right)_{V,\mu}\,,\;\left(\frac{\partial S}{\partial \mu}\right)_{T,V} = \left(\frac{\partial N}{\partial T}\right)_{V,\mu}$ $\left(\frac{\partial p}{\partial \mu}\right)_{T,V} = \left(\frac{\partial N}{\partial V}\right)_{T,\mu}$

Graphische Gedächtnisstütze

Wir weisen noch auf eine bekannte Methode hin, die es gestattet, den
Inhalt von Tabelle I zu memorieren. Dazu muss man aber im Stande sein,
jederzeit die Fig. 7.1 richtig anzuschreiben. In dieser ist die Formel

$$dU = TdS + \lambda d\Lambda + \cdots \tag{7.31}$$

kodifiziert. (Beispiele: $\lambda = - p$, $\Lambda = V$, oder $\lambda = \mu$, $\Lambda = N$.)
An den Ecken stehen die vier Variablen, welche rechts in (7.31) vor-
kommen (unten die Variablen, welche als Differentiale vorkommen und
diametral dazu die konjugierten Variablen; beachte die Orientierung
der Diagonalen). Die Verbindungsstrecke $S\Lambda$ wird mit U bezeichnet
um auszudrücken, dass S und Λ zu den natürlichen Variablen von U
gehören. Entsprechend werden die anderen thermodynamischen Potentiale
eingetragen.

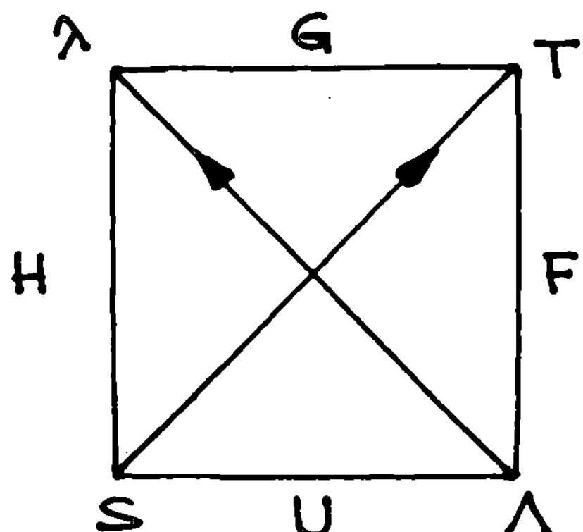

Fig. 7.1

Aus dieser Figur kann man zunächst die Differentiale der thermodynamischen Potentiale in den natürlichen Variablen ablesen. Wie in
(7.31), kommen die benachbarten Variablen als Differentiale vor, welche mit der diagonal gegenüberliegenden konjugierten Variablen multi-
pliziert werden. Heikel sind lediglich die Vorzeichen. Diese sind
durch die folgende Regel festgelegt:

> Wenn der Uebergang vom Differential zum Koeffizienten
> entgegen der Orientierung der Diagonalen verläuft, wird
> der Term mit einem Minuszeichen versehen.

Beispiel: $dH = TdS - \Lambda d\lambda + \cdots$

Die Beziehung zwischen den verschiedenen Potentialen erhält man
aus Fig. 7.1 wie folgt: Man betrachte irgend ein Potential, z.B. U .

Dieses ist gleich dem nächsten Potential (wobei es nicht auf die Richtung ankommt) __minus__ dem Produkt der Variablen an der darauffolgenden Ecke mit ihrer konjugierten Variablen; dabei muss dieser Term wieder mit dem Orientierungsvorzeichen (wie oben) versehen werden (vgl. Fig. 7.2).

__Beispiele:__

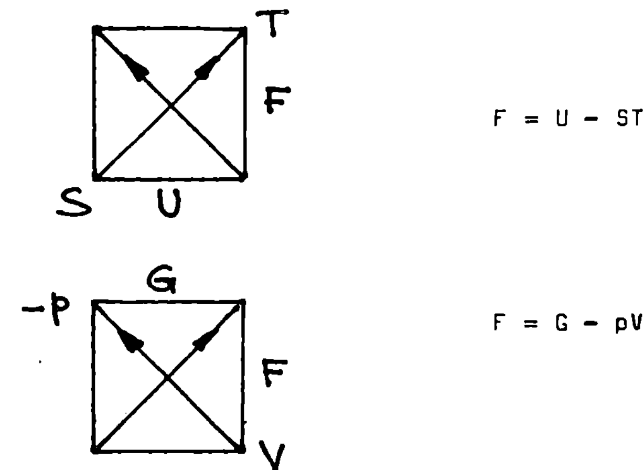

__Fig. 7.2.__ Beziehung der thermodynamischen Potentiale

Die __Maxwell-Relationen__ können ebenfalls abgelesen werden, indem man drei aufeinanderfolgende Ecken durchläuft (vgl. Fig. 7.3). Für die rechte Seite der Maxwell-Relationen durchläuft man drei Punkte in umgekehrter Richtung, wobei man von der Ecke startet, die auf der linken Seite nicht vorkommt. Die zugehörige Vorzeichenregel entnimmt man am einfachsten aus den Beispielen in Fig. 7.3.

__Beispiele:__

(a)

$$-\left(\frac{\partial S}{\partial V}\right)_T = \left(\frac{\partial(-p)}{\partial T}\right)_V$$

(b)

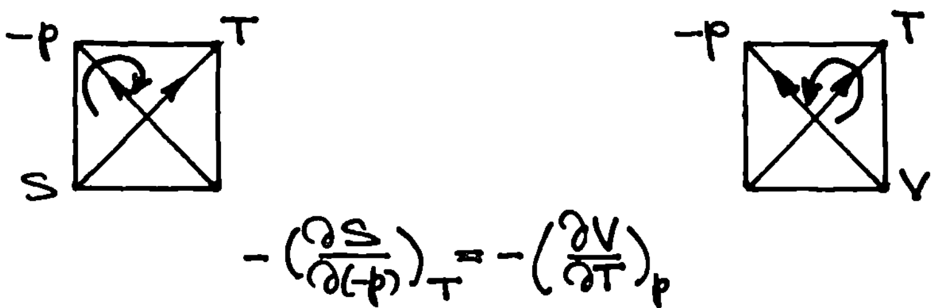

$$-\left(\frac{\partial S}{\partial(-p)}\right)_T = -\left(\frac{\partial V}{\partial T}\right)_p$$

Fig. 7.3. Diagrammatische Darstellung der Maxwell-Relationen

Diese Regeln erscheinen komplizierter als sie sind. Nach einigen Beispielen wird alles einfach und automatisch.

Für drei Variablenpaare (S,T), $(V,-p)$, (N,μ) und

$$dU = TdS - pdV + \mu dN$$

ergeben sich die Maxwell-Relationen in analoger Weise aus den drei Vierecken $(SVT-p)$, $(\mu VN-p)$, $(S\mu TN)$ im Tetraeder von Fig. 7.4.

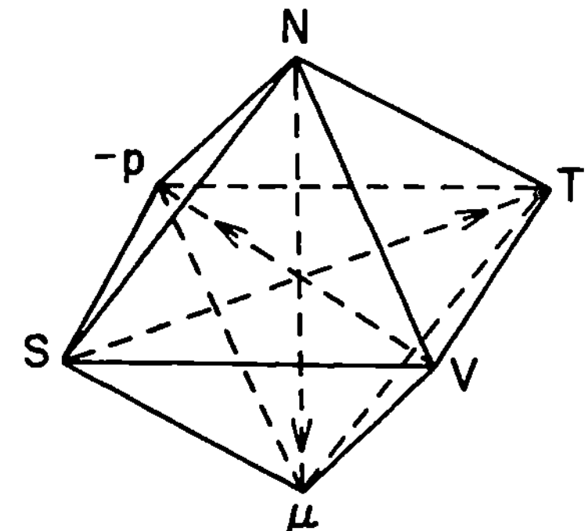

Fig. 7.4

Zur experimentellen Bestimmung der thermodynamischen Potentiale

Man wird sich fragen, welche experimentell zugänglichen Grössen eines der thermodynamischen Potentiale und damit die Thermodynamik des Systems bestimmen. An dieser Stelle zeigen wir, dass für ein einfaches System die Kenntnis der **thermischen Zustandsgleichung**

$$p = p(T,V) \,, \tag{7.32}$$

sowie der **kalorischen Zustandsgleichung**

$$U = U(T,V) \tag{7.33}$$

sicher ausreichen. Da in (7.31) und (7.32) T und V die unabhängigen Variablen sind, zeigen wir, dass diese beiden Zustandsgleichungen die freie Energie F(T,V) festlegen. Da F(T,V) = U(T,V) - TS(T,V) ist, benötigen wir die Entropie als Funktion von T und V . In diesen Variablen lautet

$$T\,dS = dU + p\,dV \tag{7.34}$$

explizit

$$T(S_{,T}\,dT + S_{,V}\,dV) = U_{,T}\,dT + U_{,V}\,dV + p\,dV .$$

Daraus folgt

$$T\left(\frac{\partial S}{\partial T}\right)_V = \left(\frac{\partial U}{\partial T}\right)_V \tag{7.35}$$

und

$$T\left(\frac{\partial S}{\partial V}\right)_T = \left(\frac{\partial U}{\partial V}\right)_T + p; \tag{7.36}$$

d.h. die Ableitungen von S(T,V) sind bestimmt. Bis auf eine irrelevante Konstante ist also S(T,V) und damit F(T,V) durch die beiden Zustandsgleichungen bestimmt.

Es genügt aber noch etwas weniger. Die Ableitung $T\left(\frac{\partial S}{\partial T}\right)_V$ ist die spezifische Wärme C_V (vgl. §III.1) und die Ableitung $\left(\frac{\partial S}{\partial V}\right)_T$ ist über die Maxwell-Beziehung

$$\left(\frac{\partial S}{\partial V}\right)_T = \left(\frac{\partial p}{\partial T}\right)_V \tag{7.37}$$

durch die thermische Zustandsgleichung (7.32) festgelegt. <u>Es genügt also die Kenntnis von C_V und p(T,V)</u> .

Aus (7.37) und (7.36) folgt für die Volumenabhängigkeit der inneren Energie

$$\left(\frac{\partial U}{\partial V}\right)_T = T\left(\frac{\partial p}{\partial T}\right)_V - p . \tag{7.38}$$

Diese ist also durch die thermische Zustandsgleichung bestimmt. Speziell für ein ideales Gas erhalten wir daraus

$$\left(\frac{\partial U}{\partial V}\right)_T = 0 \qquad \text{(ideales Gas).} \tag{7.39}$$

Gehen wir an Stelle von (7.34) von der Gleichung

$$T\,dS = dH - V\,dp \tag{7.40}$$

aus und behandeln jetzt T und p als unabhängige Variablen, so erhält man ganz analog an Stelle von (7.38) die Beziehung

$$\left(\frac{\partial H}{\partial p}\right)_T = V - T\left(\frac{\partial V}{\partial T}\right)_p . \tag{7.41}$$

A N H A N G .   Eine analytische Herleitung des ersten Teils des
                 2. Hauptsatzes

Wir setzen im folgenden $x^o = U$; dann bilden x^o und die x^i der
reversiblen Arbeit

$$\alpha = \sum_{i=1}^{n} y_i \, dx^i$$

ein Koordinatensystem der Systemmannigfaltigkeit M . Wie immer bezeichnet ω die Differentialform der reversiblen Wärme. Diese hat
nach dem 1. Hauptsatz die Form

$$\omega = dx^o - \sum_{i=1}^{n} y_i \, dx^i .$$

Im folgenden spielen adiabatische Wege eine wichtige Rolle.
Für einen solchen Weg γ ist $\omega(\dot{\gamma}) = 0$ und deshalb

$$\int_\gamma \alpha = \int_\gamma dx^o .$$

Für den ersten Teil des 2. Hauptsatzes (Existenz eines integrierenden Nenners von ω , welcher eine universelle Funktion der empirischen Temperatur ist) ist das folgende Postulat wesentlich.

POSTULAT 1.   FUER JEDEN ADIABATISCHEN WEG γ , WELCHER IN DEN ARBEITS-
KOORDINATEN GESCHLOSSEN IST, GILT

$$\int_\gamma \alpha \geq 0. \tag{1}$$

In Worten bedeutet dies: Bei einem adiabatischen Prozess, bei
dem die äusseren Parameter (Arbeitskoordinaten) wieder ihre Ausgangs-
werte annehmen, kann keine Arbeit auf Kosten der inneren Energie des
Systems gewonnen werden. Dies ist eine Folge der Nichtexistenz eines
Perpetuum mobile zweiter Art.

Da man jede Adiabate $\gamma \subset M$ auch umgekehrt durchlaufen kann,
ergibt sich aus (1)

$$\int_\gamma \alpha = 0. \tag{2}$$

Nach dem ersten Hauptsatz ist dann $\Delta U = 0$. Unser Postulat 1 impli-
ziert also: Jeder adiabatische Weg, welcher in den Arbeitskoordinaten
geschlossen ist, ist in M geschlossen. Wir sagen dafür kurz, das
Wärmedifferential ω habe die Eigenschaft (E).

Der folgende mathematische Satz ist offensichtlich physikalisch
sehr bedeutsam.

<u>SATZ 1.</u> LOKAL GILT: ω BESITZT GENAU DANN EINEN INTEGRIERENDEN FAK-TOR, WENN ω DIE EIGENSCHAFT (E) HAT.

<u>Bemerkung:</u> In diesem Satz ist angenommen, dass die Differentialform ω von der Gestalt $\omega = dx^0 + \sum_{i=1}^{n} \omega_i dx^i$ ist. Dies ist aber keine Ein-schränkung. Durch eine eventuelle Umnummerierung der Indizes können wir lokal immer erreichen, dass der Koeffizient ω_0 von dx^0 in der Koordinatendarstellung von ω von Null verschieden ist. Dann ist für $\tilde{\omega} := \frac{1}{\omega_0} \omega$ die Voraussetzung $\tilde{\omega}_0 = 1$ erfüllt und ω hat natürlich genau dann einen integrierenden Faktor, wenn $\tilde{\omega}$ einen solchen hat.

<u>Beweis von Satz 1:</u> Die Form ω habe einen integrierenden Faktor: $g\omega = df$. Wegen $\omega_0 = 1$ ist $\frac{\partial f}{\partial x^0} = g \neq 0$. Nun sei γ ein adiabatischer Weg, welcher in den Arbeitskoordinaten geschlossen ist. Dieser ver-läuft wegen $df(\dot{\gamma}) = 0$ in einer Niveaufläche von f. Mit dem impli-ziten Funktionentheorem ist diese lokal von der Form $\{(h(\underline{x}),\underline{x}) \mid \underline{x} \in$ offener Umgebung von $\mathbb{R}^n\}$. Deshalb ist γ geschlossen, d.h. ω hat die Eigenschaft (E).

Nun nehmen wir umgekehrt an, ω habe die Eigenschaft (E) in einer Umgebung des Nullpunktes von $\mathbb{R}^{n+1}$ und zeigen, dass ω einen integrierenden Nenner besitzt. Dazu konstruieren wir in der Umgebung von $0 \in \mathbb{R}^{n+1}$ eine Transformation φ der Klasse C^1 von der Form

$$\varphi(u,\underline{x}) = (F(u,\underline{x}),\underline{x}) \,, \quad F(u,0) = u \qquad (3)$$

so dass gilt

$$\frac{\partial F}{\partial x^i} = -\omega_i \circ \varphi \,, \qquad i = 1,\ldots,n. \qquad (4)$$

Wenn uns dies gelingt, so lautet die transformierte Form

$$\varphi^* \omega = dF + \sum_{i=1}^{n} \omega_i \circ \varphi \, dx^i = \frac{\partial F}{\partial u} du.$$

Die zu φ inverse Transformation existiert lokal (da Det $D\varphi(u,\underline{0}) = 1$) und hat die Gestalt

$$\varphi^{-1}(x^0,\underline{x}) = (f(x^0,\underline{x}),\underline{x})$$

und folglich ist

$$\omega = \tau \, df \,, \qquad \tau = \frac{\partial F}{\partial u}(f(x^0,\underline{x}),\underline{x}) \,;$$

d.h. ω hat einen integrierenden Nenner τ.

Die Funktion $F(u,\underline{x})$ konstruieren wir wie folgt. γ sei eine Adiabate $(\omega(\dot{\gamma}) = 0)$ mit Anfangspunkt $(u,\underline{0})$ und Endpunkt $(x^0,\underline{x})$

(vgl. Fig.). Wir setzen $F(u,\underline{x}) = x^0$.

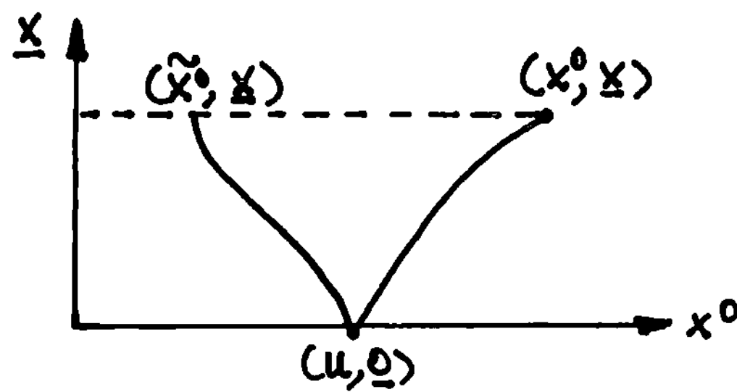

Als erstes zeigen wir, dass $F(u,\underline{x})$ nicht vom speziellen Weg γ ab-
hängt. Sei $\tilde{\gamma}$ ein zweiter Weg, mit den Endpunkten $(u,\underline{0})$ und $(\tilde{x}^0,\underline{x})$.
Bezeichnet nun γ_1 den Weg, welche in $(\tilde{x}^0,\underline{x})$ startet, $\tilde{\gamma}$ in der umgekehrten Richtung durchläuft und längs γ im Endpunkt $(x^0,\underline{x})$ von γ
endet, so ist γ_1 in den Arbeitskoordinaten geschlossen. Nach Voraus-
setzung ist deshalb $\tilde{x}^0 = x^0$.

Nun müssen wir dafür sorgen, dass $F(u,\underline{x})$ von der Klasse C^1
ist. Dazu wählen wir γ von der Form $\gamma(t) = (g(t),t\underline{x})$, $t\in[0,1]$,
$g(0) = u$. Die Bedingung $\omega(\dot{\gamma}) = 0$ lautet

$$\frac{dg}{dt} = -\sum_{i=1}^{n} \omega_i(g(t),t\underline{x})\, x^i \quad , \quad 0 \le t \le 1. \tag{5}$$

Diese Diffgl. ist für die Anfangsbedingung $g(0) = u$ zu lösen. Der
Endpunkt von γ ist $(g(1),\underline{x})$, d.h. es gilt $F(u,\underline{x}) = g(1)$. Nach bekannten Sätzen ist $F(u,\underline{x})$ von der Klasse C^1 . Schliesslich zeigen
wir, dass F die Gl.(4) erfüllt. Dazu betrachten wir die Kurve
$(h(t), \underline{x} + tv\underline{e}_i)$ mit

$$\frac{dh}{dt} = -\omega_i(h(t), \underline{x}+tv\underline{e}_i)\, v$$

und der Anfangsbedingung $h(0) = x^0$ und genügend kleinem $v > 0$.
Längs dieser Kurve ist $\omega = 0$ und ihre Endpunkte sind $(x^0,\underline{x})$, $(h(1),$
$\underline{x} + v\underline{e}_i)$. Folglich ist $h(1) = F(u,\underline{x}+ v\underline{e}_i)$. Nach dem Mittelwertsatz
ist

$$\frac{F(u,\underline{x}+v\underline{e}_i) - F(u,\underline{x})}{v} = \frac{h(1)-h(0)}{v}$$
$$= -\omega_i(h(s), \underline{x}+sv\underline{e}_i) \quad \text{für } s\in(0,1).$$

Im Limes $v \to 0$ erhalten wir Gl. (4). $\square$

Dieser Satz zeigt, dass das Postulat 1 die Existenz eines integrierenden Nenners für das Wärmedifferential ω garantiert:

$$\omega = \tau\, d\sigma. \tag{6}$$

Die Adiabaten liegen natürlich auf den Flächen σ = const. (Daraus

folgt insbesondere das Prinzip von Caratheodory von der "adiabatischen" Unerreichbarkeit"!)

Wir zeigen nun, dass auf Grund sehr allgemeiner Bedingungen der
integrierende Nenner τ in (6) eine - bis auf einen Zahlenfaktor ein-
deutige - Funktion der empirischen Temperatur θ ist. Dafür ist die
folgende, schon auf S. 25 gemachte Annahme wesentlich:

POSTULAT 2. FUER ZWEI BELIEBIGE SYSTEME IM THERMISCHEN GLEICHGEWICHT
SIND DIE FORMEN dU, α UND ω ADDITIV.

Schliesslich wollen wir noch eine entartete Situation aus-
schliessen. Auf Grund der bereits formulierten Postulate könnte ω
ein exaktes Differential sein. Dies wäre nach (6) genau dann der Fall,
wenn τ nur eine Funktion von σ wäre, denn dann wäre $\tau d\sigma = d \int^{\sigma} \tau(\sigma) d\lambda$.
Für solche Systeme wären die Integrale von α und ω längs geschlos-
senen Wegen gleich Null. Dann gäbe es aber, z.B., keine Wärmemaschinen.
Die Umwandlung von Wärme in mechanische Arbeit und umgekehrt beruht
wesentlich darauf, dass α und ω nicht exakt sind. Wir verlangen
deshalb das

POSTULAT 3. DIE FUNKTIONEN τ UND σ IN GL.(6) SIND UNABHAENGIG
($d\tau \wedge d\sigma \neq 0$). [WAERME KANN PARTIELL IN ARBEIT UMGEWANDELT WERDEN.]

Nun können wir den folgenden Satz beweisen.

SATZ 2. DER INTEGRIERENDE NENNER τ FUER DIE DIFFERENTIALFORM DER
WAERME ω IST NUR EINE FUNKTION VON θ UND σ UND VON DER GESTALT

$$\tau(\theta,\sigma) = T(\theta)\,\psi(\sigma). \tag{7}$$

Beweis: Wir betrachten zwei Teilsysteme 1 und 2, welche sich im thermischen Gleichgewicht befinden. Aus der Additivität von ω folgt

$$\tau\,d\sigma = \tau_1 d\sigma_1 + \tau_2 d\sigma_2. \tag{8}$$

Der Zustand des ersten Systems werde durch θ und die Arbeitskoordinaten $(x^1_{(1)},\ldots, x^n_{(1)})$, der des zweiten Systems durch θ und
$x^1_{(2)},\ldots,x^m_{(2)}$ beschrieben. In Gl.(8) ist

$$\tau_1 = \tau_1(\theta, x^1_{(1)}, \ldots, x^n_{(1)})$$
$$\tau_2 = \tau_2(\theta, x^1_{(2)}, \ldots, x^m_{(2)})$$
$$\tau = \tau(\theta, x^1_{(1)}, \ldots, x^n_{(1)}, x^1_{(2)}, \ldots, x^m_{(2)}).$$

Die Funktionen σ_1 bzw. σ_2 sind Zustandsfunktionen des ersten, bzw.
zweiten Systems. Wir können nach Postulat 3 diese als unabhängige Variablen wählen (z.B. an Stelle von $x^1_{(1)}$ bzw. $x^1_{(2)}$), so dass (bei

missbräuchlicher Verwendung des Funktionszeichens):

$$\tau_1 = \tau_1(\theta, \sigma_1, x_1)$$
$$\tau_2 = \tau_2(\theta, \sigma_2, x_2)$$
$$\tau = \tau(\theta, \sigma_1, \sigma_2, x_1, x_2)$$
$$\sigma = \sigma(\theta, \sigma_1, \sigma_2, x_1, x_2) ,$$

wobei $x_1 = (x^2_{(1)}, \ldots, x^h_{(1)})$, $x_2 = (x^2_{(2)}, \ldots, x^m_{(2)})$ die verbleibenden Arbeitskoordinaten sind.

Es ist deshalb

$$d\sigma = \frac{\partial \sigma}{\partial \theta} d\theta + \frac{\partial \sigma}{\partial \sigma_1} d\sigma_1 + \frac{\partial \sigma}{\partial \sigma_2} d\sigma_2 + \cdots .$$
(9)

Durch Vergleich mit (8) ergibt sich $\frac{\partial \sigma}{\partial \sigma_1} = \tau_1/\tau$ und $\frac{\partial \sigma}{\partial \sigma_2} = \tau_2/\tau$, während die Koeffizienten von $d\theta$, dx_1 und dx_2 in (9) verschwinden. Setzt man die gemischen Ableitungen von σ, unter Verwendung dieser Ergebnisse gleich, so findet man

$$\frac{\partial}{\partial \theta}\left(\frac{\tau_1}{\tau}\right) = 0 \quad , \quad \frac{\partial}{\partial \theta}\left(\frac{\tau_2}{\tau}\right) = 0$$
(10)

$$\frac{\partial}{\partial x_1}\left(\frac{\tau_1}{\tau}\right) = 0 \quad , \quad \frac{\partial}{\partial x_1}\left(\frac{\tau_2}{\tau}\right) = 0$$
(11)

$$\frac{\partial}{\partial x_2}\left(\frac{\tau_1}{\tau}\right) = 0 \quad , \quad \frac{\partial}{\partial x_2}\left(\frac{\tau_2}{\tau}\right) = 0 .$$
(12)

Aus (10) folgt, dass die Abhängigkeit der Grössen τ_1, τ_2 und τ von θ nur die Form

$$\tau_1 = T(\theta) f_1(\sigma_1, x_1)$$
$$\tau_2 = T(\theta) f_2(\sigma_2, x_2)$$
$$\tau = T(\theta) f(\sigma_1, \sigma_2, x_1, x_2)$$
(13)

haben kann. Dabei ist T eine beliebige, aber <u>universelle</u> Funktion von θ .

Da τ_1 nicht von x_2 und τ_2 nicht von x_1 abhängt, muss nach (11) und (12) τ unabhängig von x_1 und x_2 , τ_1 unabhängig von x_1 und τ_2 unabhängig von x_2 sein. Aus (13) folgt deshalb

$$\tau_1 = T(\theta) \psi_1(\sigma_1) , \quad \tau_2 = T(\theta) \psi_2(\sigma_2) , \quad \tau = T(\theta) \psi(\sigma) . \quad \Box$$
(14)

Die Funktionen ϕ_1 und ϕ_2 sind beliebig, da mit τ_1 auch das Produkt aus τ_1 und einer beliebigen Funktion $\varphi(\mathfrak{S}_1)$ ein integrierender Nenner von ω_1 ist. Unter den integrierenden Nennern gibt es insbesondere solche, für die $\phi_1(\mathfrak{S}_1) = \phi_2(\mathfrak{S}_2) = 1$ gilt, die also nur von der empirischen Temperatur abhängen. In diesem Fall haben wir

$$\tau_1 = \tau_2 = T(\theta) \;, \quad \omega_1 = T(\theta)\,dS_1 \;, \quad \omega_2 = T(\theta)\,dS_2$$

(Wir schreiben in diesem besonderen Fall S_1 und S_2 an Stelle von $\mathfrak{S}_1$ und $\mathfrak{S}_2$) und nach (8) und (14) gilt

$$dS_1 + dS_2 = \Psi(S_1, S_2)\,d\mathfrak{S}(S_1, S_2). \tag{15}$$

Dies ist nur möglich, wenn $\mathfrak{S}$ und damit ϕ nur Funktionen von S_1+S_2 sind. (Zeige dies !) Deshalb ist die rechte Seite von (15) gleich dem Differential einer Funktion S . Für diese gilt also $dS_1 + dS_2 = dS$ und (da $\tau = T(\theta)\phi(S_1, S_2)$)

$$\omega = T(\theta)\,dS. \tag{16}$$

Durch eine geeignete Wahl der additiven Konstanten kann $S = S_1 + S_2$ gewählt werden.

Damit ist gezeigt, dass man für jedes System die Entropiefunktion S so festlegen kann, dass (16) mit __demselben__ $T(\theta)$ für alle Systeme gilt.

Durch (16) ist $T(\theta)$ bis auf einen Faktor eindeutig bestimmt. Gilt nämlich auch $\omega = \tilde{T}(\theta)d\tilde{S}$, so ist

$$T(\theta)\,dS(\theta, x^1, \dots, x^n) = \tilde{T}(\theta)\,d\tilde{S}(\theta, x^1, \dots, x^n).$$

Da T und $\tilde{T}$ von Null verschieden sind, ist $g(\theta) = \dfrac{T(\theta)}{\tilde{T}(\theta)}$ definiert, und aus $d\tilde{S} = g(\theta)dS$ folgt

$$\frac{\partial \tilde{S}}{\partial \theta} = g(\theta)\frac{\partial S}{\partial \theta} \;, \qquad \frac{\partial \tilde{S}}{\partial x^i} = g(\theta)\frac{\partial S}{\partial x^i} \;.$$

Daraus folgt

$$\frac{\partial^2 \tilde{S}}{\partial x^i \partial \theta} = g(\theta)\frac{\partial^2 S}{\partial x^i \partial \theta}$$

und

$$\frac{\partial^2 \tilde{S}}{\partial \theta \partial x^i} = g'(\theta)\frac{\partial S}{\partial x^i} + g(\theta)\frac{\partial^2 S}{\partial \theta \partial x^i} \;.$$

Also muss $g'(\Theta) = 0$ und damit $g(\Theta)$ konstant sein.

Die durch $T(\Theta)$ bis auf eine willkürliche Einheitenwahl bestimmte Temperaturskala T heisst die absolute Temperaturskala und die durch (17) bis auf einen Summanden bestimmte Funktion S heisst Entropie; Gl (16) wird auch als Entropiesatz bezeichnet.

*   *   *

LITERATURHINWEISE

Bei der Abfassung dieses Kapitels wurden wir, neben zahlreichen Lehrbüchern, vor allem durch die folgenden Arbeiten beeinflusst:

J.-M. Jauch,   "Analytical Thermodynamics",
              Foundations of Physics, 5, 111 (1975).

A.S. Wightman, Einführung zum Buch: "Convexity in the Theory of
              Lattice Gases", by R.B. Israel,
              Princeton University Press, 1979.

G. Ludwig,   Einführung in die Grundlagen der Theoretischen Physik,
              Band 4 (Vieweg, 1979).

U E B U N G S A U F G A B E N

1. Erkläre die Funktionsweise des folgenden chinesischen Kinderspiels.
Das "Entchen" in der Figur besteht aus einem abgeschlossenen Glas-
behälter, welcher auf einer drehbar gelagerten Achse befestigt ist.
Er enthält eine leicht verdampfende Flüssigkeit. Im Gleichgewicht
ist der "Hals" um einige Grade gegen die Vertikale geneigt. "Kopf"
und "Schnabel" sind mit einer dünnen Watteschicht bedeckt. Wird der
Kopf etwas angefeuchtet, indem der Schnabel in ein Glas mit Wasser
getaucht wird, so wird das "Entchen" ununterbrochen "trinken".

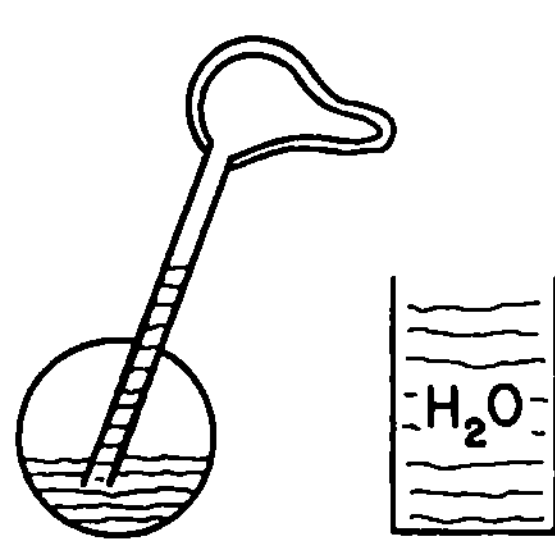

2. <u>Empirische Temperatur und absolute Temperatur.</u>
Die ursprüngliche Definition (II.5.7) der absoluten Temperatur ist
für praktische Zwecke wenig geeignet, weil kalorimetrische Messungen nicht besonders genau sind.
Wir wählen eine beliebige empirische Temperaturskala θ und denken
uns $(\partial p/\partial\theta)_V$, sowie $T(\partial S/\partial V)_\theta$ gegeben.
Betrachte in

$$dS = \frac{dU + p\,dV}{T}$$

T und V als unabhängige Variable und folgere daraus

$$T\,\frac{\partial p}{\partial T} = \frac{\partial U}{\partial V} + p$$

und hieraus

$$T(\theta) = T_0\, e^{\mathcal{I}(\theta)} , \qquad\qquad (*)$$

wobei

$$I(\theta) = \int_{\theta_0}^{\theta} \frac{(\partial p/\partial \theta)_V}{(\partial U/\partial V)_\theta + p}\, d\theta \; .$$

Zeige, dass der Nenner im Integranden auch gleich $T(\frac{\partial S}{\partial V})_\theta$ ist.
Aus (*) folgt

$$T = (T_1 - T_0)\, \frac{e^I}{e^{I_1} - 1} \; .$$

Wählen wir die Temperaturskala so, dass der Differenz $\theta_1 - \theta_0 = 100^{\circ}C$ gerade $T_1 - T_0 = 160^{\circ}K$ entspricht, so ist

$$T = 100\, \frac{e^I}{e^{I_1} - 1} \; (^{\circ}K).$$

Mit dieser Beziehung kann man die absolute Temperatur T aus einer vorgegebenen empirischen Temperatur bestimmen.

3. Zeige, dass im $\mathbb{R}^3$ die Differentialform $\omega = dx^1 + x^2 dx^3$ keinen integrierenden Nenner hat.

4. Man benutze eine Carnot-Maschine als Wärmepumpe und berechne deren Wirkungsgrad aus $\oint dU = \oint dS = 0$. Um wieviel würden die Heizungskosten im Vergleich zu einem normalen Elektroofen reduziert ?

5. Betrachte ein einfaches Fluid und zeige, dass die Differentialform der reversiblen Wärme nur dann exakt sein würde, wenn die unphysikalische Bedingung $(\frac{\partial p}{\partial T})_V = 0$ erfüllt wäre.

6. Zeige mit dem 2. Teil des zweiten Hauptsatzes, dass die absolute Temperaturskala die lineare Ordnung "wärmer-kälter" respektiert.

7. Stelle den Druck eines einfachen Fluids als eine Legendre-Transformierte der Energiedichte U/V dar.

8. Man folgere aus der idealen Zustandsgleichung $pV = RNT$ (N fest), dass die innere Energie nur eine Funktion von T ist.

In diesem Kapitel illustrieren wir die Leistungsfähigkeit der
TD in zahlreichen Anwendungen, welche ganz verschiedenartige Systeme
betreffen.

1. Spezifische Wärmen und andere Responsefunktionen

Wir betrachten ein einfaches Fluid mit fester Substanzmenge
$N = 1$. In diesem Fall bezeichnet man üblicherweise die extensiven Variablen mit den entsprechenden kleinen Buchstaben $s, u, v, h, f, g, \ldots$
(spezifische Entropie, etc.). Wichtige Grössen sind:

$$\text{thermischer Expansionskoeffizient:} \qquad \alpha = \frac{1}{v}\left(\frac{\partial v}{\partial T}\right)_p$$

$$\text{isotherme Kompressibilität:} \qquad \chi_T = -\frac{1}{v}\left(\frac{\partial v}{\partial p}\right)_T$$

$$\text{adiabatische Kompressibilität:} \qquad \chi_s = -\frac{1}{v}\left(\frac{\partial v}{\partial p}\right)_s$$

$$\text{isochorer Spannungskoeffizient:} \qquad \beta = \frac{1}{p}\left(\frac{\partial p}{\partial T}\right)_v \quad . \tag{1.1}$$

Die spezifischen Wärmen c_v, c_p sind primär definiert durch:

$$C_v \, dT = \omega \restriction V = const \quad , \quad C_p \, dT = \omega \restriction p = const \quad . \tag{1.2}$$

Es ist also

$$c_v = T\left(\frac{\partial s}{\partial T}\right)_v \quad , \quad c_p = T\left(\frac{\partial s}{\partial T}\right)_p \quad . \tag{1.3}$$

Die in (1.1) und (1.3) definierten Grössen sind auf Grund der Maxwell-
Relationen nicht voneinander unabhängig. Um Beziehungen zwischen diesen zu finden, benutzen wir den Multiplikationssatz für Funktional-
matrizen bei Koordinatentransformationen, d.h. $D(\varphi \circ \psi) = D\varphi \circ D\psi$.
Dieser liefert z.B.

$$\left(\frac{\partial x}{\partial y}\right)_z = Det \frac{\partial(x,z)}{\partial(y,z)} = Det \frac{\partial(x,z)}{\partial(\xi,\eta)} Det \frac{\partial(\xi,\eta)}{\partial(y,z)} \quad . \tag{1.4}$$

Aus

$$\frac{\partial(x,z)}{\partial(y,z)} = \frac{\partial(x,z)}{\partial(x,y)} \frac{\partial(x,y)}{\partial(y,z)}$$

ergibt sich durch Determinantenbildung

$$\left(\frac{\partial x}{\partial y}\right)_z = -\left(\frac{\partial x}{\partial z}\right)_y \left(\frac{\partial z}{\partial y}\right)_x \quad . \tag{1.5}$$

Natürlich gilt auch

$$\left(\frac{\partial x}{\partial y}\right)_z = \frac{1}{(\partial y/\partial x)_z} \quad . \tag{1.6}$$

Mit (1.4) folgt z.B.

$$-v\varkappa_s = \left(\frac{\partial v}{\partial p}\right)_s = \text{Det}\,\frac{\partial(v,s)}{\partial(p,T)}\;\text{Det}\,\frac{\partial(p,T)}{\partial(p,s)}$$

$$= \left[\underbrace{\left(\frac{\partial v}{\partial p}\right)_T}_{-v\varkappa_T} \underbrace{\left(\frac{\partial s}{\partial T}\right)_p}_{c_p/T} - \underbrace{\left(\frac{\partial v}{\partial T}\right)_p}_{v\alpha}\underbrace{\left(\frac{\partial s}{\partial p}\right)_T}_{-\left(\frac{\partial v}{\partial T}\right)_p}\right]\underbrace{\left(\frac{\partial T}{\partial s}\right)_p}_{T/c_p}$$

$$\underbrace{\quad}_{v\alpha}$$

$$= \left[-v\varkappa_T\,\frac{c_p}{T} + \alpha^2 v^2\right]\frac{T}{c_p} \quad ,$$

d.h.

$$\varkappa_s = \varkappa_T - \frac{v\alpha^2 T}{c_p} \quad . \tag{1.7}$$

Analog

$$c_v = T\left(\frac{\partial s}{\partial T}\right)_v = T\,\text{Det}\,\frac{\partial(s,v)}{\partial(T,p)}\;\text{Det}\,\frac{\partial(T,p)}{\partial(T,v)}$$

$$= T\left[\left(\frac{\partial s}{\partial T}\right)_p\left(\frac{\partial v}{\partial p}\right)_T - \left(\frac{\partial s}{\partial p}\right)_T\underbrace{\left(\frac{\partial v}{\partial T}\right)_p}_{}\right]\left(\frac{\partial p}{\partial v}\right)_T$$

$$-\left(\frac{\partial v}{\partial T}\right)_p \;(\text{Maxwell})$$

$$= T\underbrace{\left(\frac{\partial s}{\partial T}\right)_p}_{c_p} + T\left(\frac{\partial v}{\partial T}\right)_p^2\left(\frac{\partial p}{\partial v}\right)_T \quad ,$$

d.h.

$$c_v - c_p = T \left(\frac{\partial v}{\partial T}\right)_p^2 \left(\frac{\partial p}{\partial v}\right)_T \quad , \qquad (1.8)$$

$$\underbrace{\phantom{\left(\frac{\partial v}{\partial T}\right)_p^2}}_{\alpha^2 v^2} \quad \underbrace{\phantom{\left(\frac{\partial p}{\partial v}\right)_T}}_{-(v \varkappa_T)^{-1}}$$

also

$$c_v = c_p - \frac{v \alpha^2 T}{\varkappa_T} \quad . \qquad (1.9)$$

Aus (1.8) folgt mit (1.5) auch

$$c_p - c_v = T \left(\frac{\partial p}{\partial T}\right)_v \left(\frac{\partial v}{\partial T}\right)_p \quad , \qquad (1.10)$$

$$\underbrace{\phantom{\left(\frac{\partial p}{\partial T}\right)_v}}_{p \beta} \quad \underbrace{\phantom{\left(\frac{\partial v}{\partial T}\right)_p}}_{\alpha v}$$

d.h.

$$c_p - c_v = \alpha \beta \, v p T \quad . \qquad (1.10')$$

Für ein ideales Gas (pv = RT) findet man aus (1.10) sofort $c_p - c_v = R$.

Nach (II.7.37) ist die Volumenabhängigkeit der inneren Energie durch die Zustandsgleichung $p = p(T,v)$ bestimmt:

$$\left(\frac{\partial u}{\partial v}\right)_T = T \left(\frac{\partial p}{\partial T}\right)_v - p \quad . \qquad (1.11)$$

Entsprechend gilt nach (II.7.40)

$$\left(\frac{\partial h}{\partial p}\right)_T = v - T \left(\frac{\partial v}{\partial T}\right)_p \quad . \qquad (1.11')$$

Deshalb ist die v-Abhängigkeit von c_v durch die Zustandsgleichung bestimmt:

$$\left(\frac{\partial c_v}{\partial v}\right)_T = \frac{\partial^2 u}{\partial T \partial v} = T \left(\frac{\partial^2 p}{\partial T^2}\right)_v \quad . \qquad (1.12)$$

Entsprechend gilt

$$\left(\frac{\partial c_p}{\partial p}\right)_T = \frac{\partial^2 h}{\partial T \partial p} = -T \left(\frac{\partial^2 v}{\partial T^2}\right)_p \quad . \qquad (1.12')$$

Ferner sehen wir, dass aus $c_v(T,v)$ und der Zustandsgleichung die innere Energie und die Entropie wie folgt berechenbar sind:

$$u(v,T) = \int_{T_0}^{T} c_v \, dT + \int_{v_0}^{v} \left[T \left(\frac{\partial p}{\partial T}\right)_v - p \right] dv + u(v_0, T_0) \quad , \qquad (1.13)$$

$$s(v,T) = \int_{T_0}^{T} \frac{c_v}{T}\,dT + \int_{v_0}^{v} \left(\frac{\partial p}{\partial T}\right)_v dv + s(v_0,T_0). \tag{1.14}$$

In der letzten Gleichung wurde die Maxwell-Relation $\left(\frac{\partial s}{\partial v}\right)_T = \left(\frac{\partial p}{\partial T}\right)_v$ benutzt.

Stabilitätsbedingungen

Ein GZ ist __stabil__, wenn die Tangentialebene durch den zugehörigen Punkt P der Entropiefläche mit dieser nur P gemeinsam hat. P ist also ein Extremalpunkt, der nicht auf einem Geradenstück der Entropiefläche ist. Der GZ ist in einer __reinen Phase__; er kann mit keinem anderen Zustand ohne Hemmungen koexistieren (vgl. Abschnitt 4). Mit den nötigen Differenzierbarkeits-Voraussetzungen muss in P die Matrix

$$\begin{pmatrix} \dfrac{\partial^2 u}{\partial s^2} & \dfrac{\partial^2 u}{\partial s \partial v} \\[2ex] \dfrac{\partial^2 u}{\partial s \partial v} & \dfrac{\partial^2 u}{\partial v^2} \end{pmatrix}$$

positiv definit sein. Dies ist gleichbedeutend mit $\left(\frac{\partial^2 u}{\partial s^2}\right)_v > 0$ und der Positivität der Determinante. Ausgeschrieben bedeutet das

$$\left(\frac{\partial^2 u}{\partial s^2}\right)_v = \left(\frac{\partial T}{\partial s}\right)_v = \frac{T}{c_v} > 0 \implies \underline{c_v > 0} \tag{1.15}$$

und

$$\left(\frac{\partial T}{\partial s}\right)_v \left(\frac{\partial(-p)}{\partial v}\right)_s - \left(\frac{\partial T}{\partial v}\right)_s \left(\frac{\partial(-p)}{\partial s}\right)_v$$

$$= \mathrm{Det}\left(\frac{\partial(T,-p)}{\partial(s,v)}\right) = \mathrm{Det}\,\frac{\partial(T,-p)}{\partial(T,v)}\,\mathrm{Det}\,\frac{\partial(T,v)}{\partial(s,v)}$$

$$= -\left(\frac{\partial p}{\partial v}\right)_T \left(\frac{\partial T}{\partial s}\right)_v = \frac{T}{c_v \chi_T v} > 0, \tag{1.16}$$

d.h.

$$\underline{\chi_T > 0.}$$

Aus (1.7) und (1.8) folgt damit, dass auch χ_s und c_p positiv sind.

2. Der Joule-Thomson Prozess

Beim Versuch von Joule und Thomson wird eine gedrosselte Entspannung durchgeführt. Ein Gas (oder eine Flüssigkeit), welches sich unter dem Druck p_1 befindet, strömt auf stationäre Weise durch einen Pfropfen in ein Gefäss, wo der Druck p_2 ist (vgl. Fig. 2.1). Im Verlaufe des ganzen Prozesses werden die Drucke auf beiden Seiten des

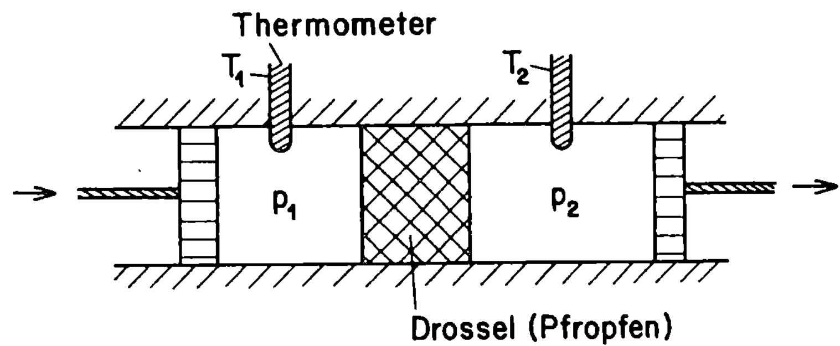

<u>Fig. 2.1</u>

Pfropfens <u>konstant</u> gehalten. Die Temperatur wird auf der einen Seite vorgegeben und auf der anderen gemessen. Bei sorgfältiger Anordnung kann man die makroskopische Strömung des Gases vernachlässigen. Wir wollen ausserdem annehmen, das System sei thermisch isoliert.

Dieser Prozess ist natürlich irreversibel, denn die kleinen Oeffnungen der porösen Trennwand üben Reibung auf das Gas aus und drosseln so seine Geschwindigkeit.

Die Aenderung der inneren Energie für ein Mol durchgepressten Gases ist nach dem 1. Hauptsatz

$$u_2 - u_1 = -\int_{v_1}^{0} p_1\,dv - \int_{0}^{v_2} p_2\,dv = p_1 v_1 - p_2 v_2,$$

wobei das erste Integral die links vom Pfropfen und das zweite Integral die rechts vom Pfropfen zugeführte Arbeit ist. Dies zeigt, dass die Enthalpie $h = u + pv$ beim Joule-Thomson Prozess erhalten ist,

$$h_1 = h_2. \tag{2.1}$$

Die Temperaturänderung bei einer kleinen Druckänderung wird deshalb durch die Ableitung $\left(\dfrac{\partial T}{\partial p}\right)_h$ bestimmt. Diesen sog. <u>Joule-Thomson -</u>

<u>Koeffizienten</u> wollen wir durch bereits eingeführte Grössen ausdrücken. Nach (1.5) ist

$$\left(\frac{\partial T}{\partial p}\right)_h = - \left(\frac{\partial h}{\partial p}\right)_T \bigg/ \left(\frac{\partial h}{\partial T}\right)_p . \qquad (2.2)$$

Nun ist aber (s. Tabelle I)

$$dh = T ds + v\, dp . \qquad (2.3)$$

Also

$$\left(\frac{\partial h}{\partial T}\right)_p = T\left(\frac{\partial s}{\partial T}\right)_p = c_p \; ,$$

$$\left(\frac{\partial h}{\partial p}\right)_T = v + T\left(\frac{\partial s}{\partial p}\right)_T$$

$$\underset{\uparrow}{=} v - T\left(\frac{\partial v}{\partial T}\right)_p = v - \alpha v .$$

Maxwell (Tabelle I)

Damit erhalten wir

$$\left(\frac{\partial T}{\partial p}\right)_h = \frac{v}{c_p}\,(T\alpha - 1) . \qquad (2.4)$$

Je nach Vorzeichen der rechten Seite erhalten wir eine Temperaturzunahme oder eine Temperaturabnahme. Die Grenzkurve, welche die beiden Bereiche trennt, nennt man die <u>Inversionskurve.</u> Diese erfüllt nach (2.4) die Differentialgleichung

$$T\left(\frac{\partial v}{\partial T}\right)_p - v = 0 . \qquad (2.5)$$

Sie bestimmt die <u>Inversionstemperatur</u> als Funktion von p , bzw. v . Im Abschnitt 5 werden wir diese für das van der Waalssche Gas bestimmen.

Aus (2.3) entnehmen wir noch

$$\left(\frac{\partial s}{\partial p}\right)_h = - \frac{v}{T} < 0 . \qquad (2.6)$$

Wie erwartet, nimmt also die Entropie beim Uebergang eines Gases zu einem kleineren Druck durch den Joule-Thomson-Prozess zu.

3. Das Stephan-Boltzmann Gesetz der Hohlraumstrahlung

Wir stellen uns einen Hohlraum vor, dessen Wände sich auf einheitlicher konstanter Temperatur befinden. Die Strahlung im Innern steht (nach einiger Zeit) mit den Wänden im thermodynamischen Gleichgewicht, wenn letztere Licht beliebiger Wellenlänge emittieren und absorbieren können. (Sonst benütze man das berühmte Kohlestäubchen.) Die Wände sollen auch für das Licht undurchlässig sein und nicht Material verdampfen. In dieser Situation müssen wir der Strahlung die gleiche Temperatur zuschreiben wie den Wänden.

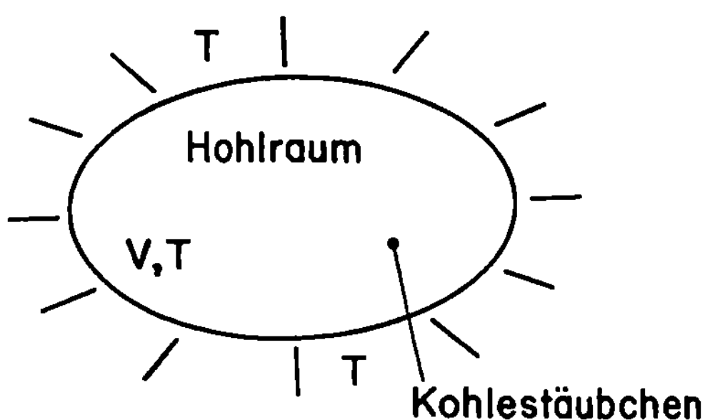

Die GZ des Hohlraumes werden eindeutig charakterisiert durch die Temperatur T und das Volumen V . Wir interessieren uns für das zugehörige thermodynamische Potential, d.h. die freie Energie F(T,V).

Zunächst suchen wir die kalorische sowie die thermische Zustandsgleichung: $U = U(T,V)$, $p = p(T,V)$.

Offensichtlich ist (bei vernachlässigbaren Oberflächeneffekten)

$$U(T,V) = V\, u(T) . \qquad (3.1)$$

Dabei ist die Energiedichte nach der ED

$$u(T) = \frac{1}{8\pi}\left(\underline{E}^2 + \underline{B}^2 \right).$$

Der Spannungstensor ist isotrop und hängt mit dem Druck wie folgt zusammen:

$$T_{ik} = \frac{1}{4\pi}\left[\frac{1}{2}\left(\underline{E}^2 + \underline{B}^2 \right)\delta_{ik} - E_i E_k - B_i B_k \right] = p\,\delta_{ik} .$$

Durch Spurbildung folgt

$$p = \frac{1}{3}\sum_k T_{kk} = \frac{1}{3}\, u(T) , \qquad (3.2)$$

Die thermische und die kalorische Zustandsgleichung fallen also zusammen.

Für die Entropie gilt nach der Homogenitätsrelation (II.7.9) für $\mu = 0$:

$$S = \frac{1}{T}\left(U + p V \right) = \frac{4}{3} V\, \frac{u(T)}{T} . \qquad (3.3)$$

Nun benutzen wir die Maxwell-Relation (Tabelle I)

$$\left(\frac{\partial S}{\partial V}\right)_T = \left(\frac{\partial p}{\partial T}\right)_V . \tag{3.4}$$

Setzen wir hier (3.2) und (3.3) ein, so kommt

$$\frac{4}{3}\frac{u(T)}{T} = \frac{1}{2}u'(T).$$

Deshalb ist

$$\underline{u(T) = aT^4} \tag{3.5}$$

(a: Stefan—Boltzmann Konstante). Damit lautet S nach (3.3)

$$S = \frac{4a}{3}VT^3 \tag{3.6}$$

und für F = U - TS erhalten wir

$$F(T,V) = -\frac{a}{3}VT^4 . \tag{3.7}$$

Aus (3.6) ergibt sich für die Adiabaten VT^3 = const, oder

$pV^{4/3}$ = const. (Deshalb nimmt bei der kosmischen Expansion die Temperatur der Hintergrundstrahlung proportional mit 1/R (R: Skalenfaktor) ab.

Diese thermodynamische Herleitung des von Stefan empirisch gefundenen Gesetzes wurde von Boltzmann 1884 gegeben. H.A. Lorentz nennt sie in seiner Gedächtnisrede auf Boltzmann "eine wahre Perle der theoretischen Physik". (Sie bildet natürlich auch einen beliebten Prüfungsgegenstand.)

4. Phasenübergänge (1. Ordnung)

Wir betrachten ein einfaches Fluidum (z.B. H_2O) mit festem N . Ausgangspunkt der Ueberlegungen dieses Abschnitts ist die folgende Zusammenfassung von Kapitel II:

Die GZ einer einfachen thermodynamischen Substanz bilden eine differenzierbare Mannigfaltigkeit der Klasse C^1, welche der Graph einer ausgezeichneten konkaven Funktion, der Entropie S, als Funktion der inneren Energie U und des Volumens V ist. Temperatur und Druck ergeben sich aus

$$\frac{1}{T} = \left(\frac{\partial S}{\partial U}\right)_V , \quad \frac{p}{T} = \left(\frac{\partial S}{\partial V}\right)_U , \tag{4.1}$$

d.h. die Tangentialebene an die Entropiefläche Σ in einem Punkt
P = (U,V,S) bestimmt eindeutig Druck und Temperatur. (Die Normale der
Tangentialebene hat die Richtung $(\frac{1}{T}, \frac{p}{T}, -1)$.)

Die Konkavität von S ist gleichbedeutend mit der Aussage
(vgl. Hilfssatz 4 auf S. 9), dass die Menge der Punkte (U,V,Z) in $\mathbb{R}^3$,
welche unterhalb des Graphen von S liegen ($Z \leqslant S(U,V)$) einen konvexen Körper bilden. Deshalb ist ein Punkt P an seinem Rand, d.h. auf
Σ , entweder ein <u>Extremalpunkt</u> oder er ist innerer Punkt eines geraden Streckenstückes von Σ (vgl. Fig. 4.1).

P: reine Phase   P: Gemisch

<u>Fig. 4.1</u>

Im ersten Fall ist der Zustand P eine <u>reine Phase</u>. In seiner Umgebung gibt es keine weiteren Zustände mit gleichem (p,T) . Im zweiten
Fall lässt sich der Zustand P als nichttriviale konvexe Kombination
von zwei Zuständen P_1, $P_2 \in \Sigma$ darstellen: P $= \lambda P_1 + (1-\lambda) P_2$, $0 < \lambda < 1$.
Zu allen drei Punkten P_1, P_2 und P gehören die gleichen Werte der
Intensitätsgrössen (p,T). Deshalb interpretieren wir P als <u>Mischung</u>
von koexistierenden Phasen.

Der Durchschnitt von Σ mit der Tangentialebene $T_p\Sigma$ in einem
Punkt $P \in \Sigma$ ist natürlich konvex und kompakt und (p,T) ist dort
konstant. Deshalb lässt sich (vgl. Hilfssatz 3, S. 9) jeder Zustand
$P \in \Sigma$ als konvexe Kombination (Mischung) von reinen Phasen darstellen. Ist $\Sigma \cap T_p\Sigma$ ein <u>Simplex</u> (siehe S. 8), d.h. in unserem Fall
eine Strecke oder ein Dreieck, so lässt sich jeder Zustand in diesem
Simplex <u>eindeutig</u> als Mischung seiner Extremalzustände darstellen
(vgl. S.8).

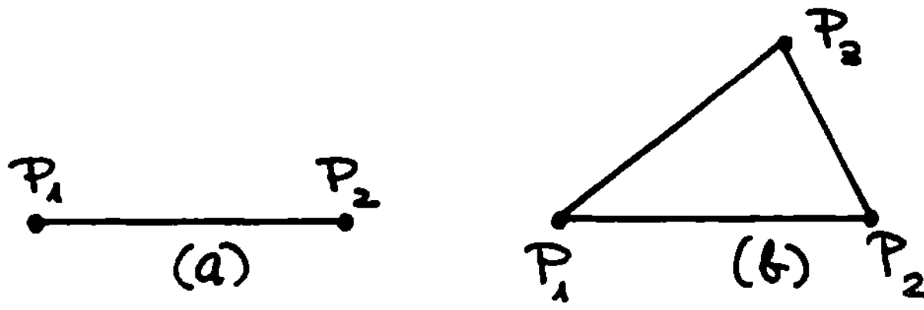

<u>Fig. 4.2</u>

Fall (a) in Fig. 4.2 entspricht einem <u>Zweiphasengemisch</u> und
Fall·(b) einem <u>Dreiphasengemisch.</u>

Im Falle (a) ist Σ in einer Umgebung eine <u>Regelfläche</u>, d.h.
sie wird erzeugt durch eine 1-parametrige Schar von geraden Strecken
(vgl. Fig. 4.3).Für die Zustände dieser Fläche kann nur noch eine der
beiden intensiven Grössen p und T frei gewählt werden (eine der
beiden Grössen bestimmt die Tangentialebene). In der (p,T)-Ebene geht
die Regelfläche in die Koexistenzkurve p(T) über (jeder Strecke entspricht ein Punkt).

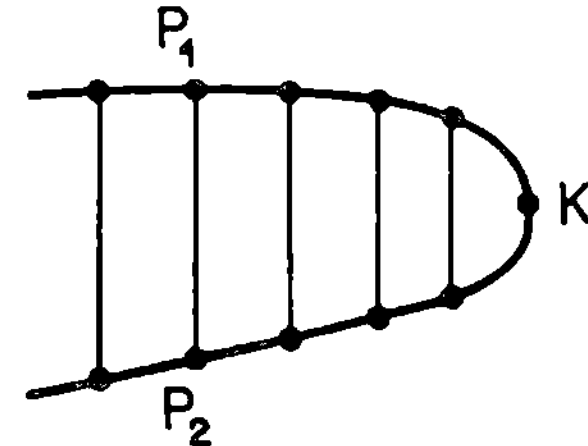

<u>Fig. 4.3</u> Stück einer Regelfläche, K: kritischer Punkt

Die 1-parametrige Schar von Geradenstücken kann in einem zwei-
dimensionalen ebenen Flächenstück (vgl. Fig. 4.4), am Rande der Entropiefläche oder in einem <u>kritischen Punkt</u> (vgl. Fig. 4.3) enden. Letzterer ist dadurch definiert, dass in jeder Umgebung dieses Punktes ein
Paar von verschiedenen reinen Phasen koexistiert.

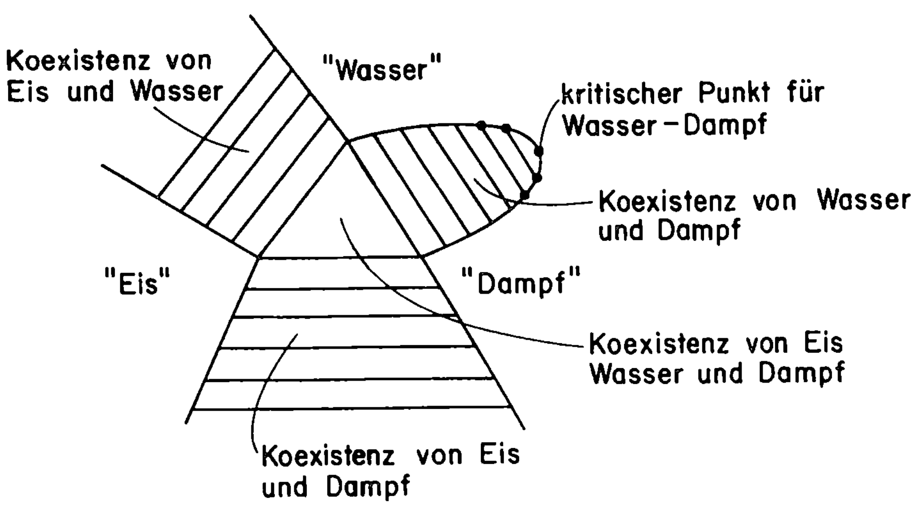

<u>Fig. 4.4</u> Typische Entropiefläche von oben gesehen.

Typischerweise sieht die Entropiefläche von oben betrachtet wie in Fig. 4.4 aus.

Für das Dreieck, welches dem Dreiphasengemisch entspricht, ist (p,T) fest. Dieses geht also in der (p,T)-Ebene in einen Punkt, den <u>Tripelpunkt</u> über. Die (p,T)-Ebene, welche der Fig. 4.4 entspricht, ist in Fig. 4.5 skizziert.

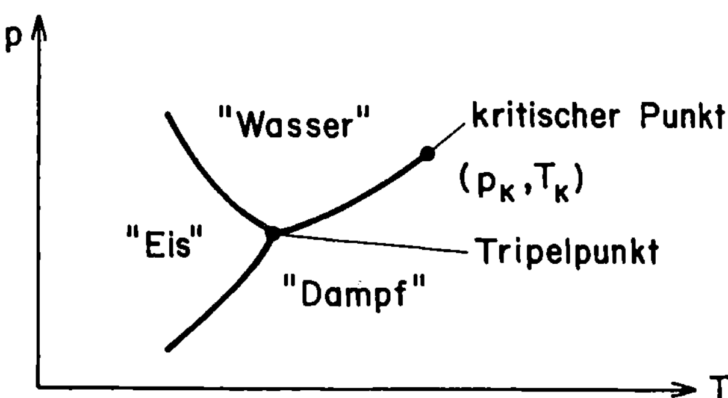

<u>Fig. 4.5</u> Typische (p,T)-Ebene.

Die Punkte ausserhalb der Regelflächen und des Dreiecks werden injektiv in die (p,T)-Ebene abgebildet. Beachte, dass das Gibbssche Potential nach Satz 1 auf S. 9 eine <u>stetige</u> Fläche über dieser Ebene definiert.

In einem kritischen Punkt verschwindet die Krümmung der Entropiefläche. Bei Annäherung an den kritischen Punkt divergiert deshalb mindestens eine der Grössen c_V oder $\varkappa_T$ - meistens aber beide. (Darauf kommen wir noch zurück.)

Grundsätzlich könnten die flachen Stücke der Entropieflächen auch komplizierter sein, z.B.:

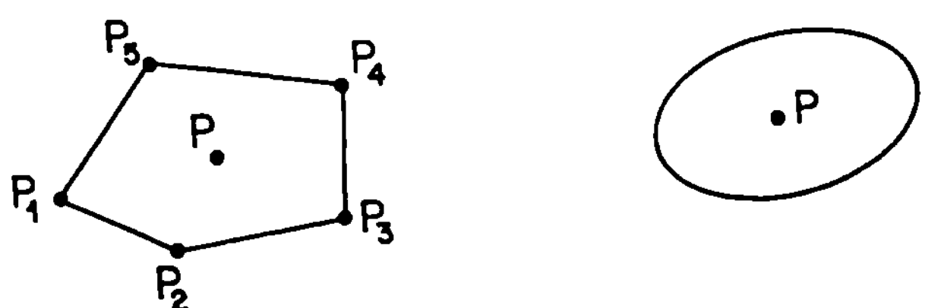

Ein innerer Punkt wäre dann nicht mehr eindeutig als konvexe Summe von

Extremalpunkten darstellbar (im zweiten Beispiel wäre dies sogar auf unendlich viele Arten möglich). Die sog. Gibbssche Phasenregel reduziert sich in unserer Situation auf die Aussage, dass neben Extremalpunkten (reinen Phasen) nur Simplices vorkommen. (In § III.6 besprechen wir die allgemeine Regel.) Dies scheint für reine Substanzen empirisch tatsächlich der Fall zu sein.

Die Gleichung von Clausius-Clapeyron

Dies ist eine Gleichung für die Koexistenzkurve $p(T)$ (Schmelzkurve, Siedekurve, Sublimationskurve). Wir geben für diese zwei Herleitungen (beliebtes Prüfungsthema !).

Bei der ersten betrachten wir eine Regelfläche der Fig. 4.4 und wenden darauf die folgende Maxwell-Relation

$$\left(\frac{\partial S}{\partial V}\right)_T = \left(\frac{\partial p}{\partial T}\right)_V \quad \text{(N fest)} \tag{4.2}$$

an. Aus der folgenden Figur geht hervor, dass $\left(\frac{\partial p}{\partial T}\right)_V = \frac{dp}{dT}$ und

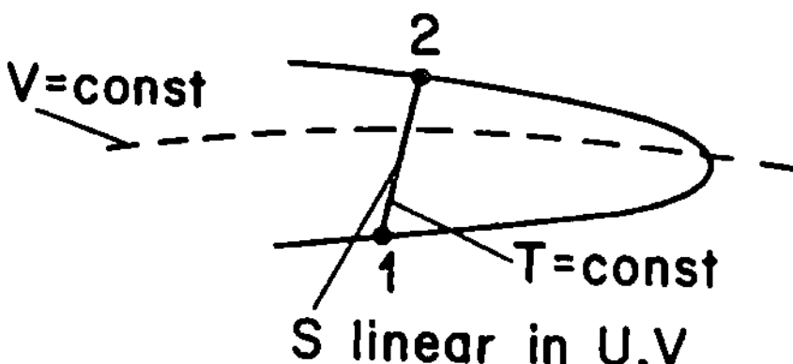

$\left(\frac{\partial S}{\partial V}\right)_T = \frac{S_2 - S_1}{V_2 - V_1}$. Die Grösse $L := T(S_2 - S_1)$ nennt man die Umwandlungswärme (oder latente Wärme). Damit erhalten wir die berühmte Dampfdruckgleichung:

$$\frac{dp}{dT} = \frac{S_2 - S_1}{V_2 - V_1} = \frac{L}{T \cdot \Delta V} \tag{4.3}$$

(Clausius-Clapeyron) .

Bei der zweiten Herleitung benutzen wir das Gibbssche Potential. Auf der Koexistenzkurve sind die Randwerte $G_1(T,p)$, $G_2(T,p)$ des Gibbsschen Potentials der Gebiete reiner Phasen gleich (siehe S. 69):

$$G_1(T,p) = G_2(T,p) . \tag{4.4}$$

Wegen $G = \mu N$ ist dies gleichbedeutend mit

$$\mu_1 = \mu_2 \, . \qquad\qquad (4.5)$$

(Diese Formulierung werden wir für Mehrstoffsysteme in § III.6 verall-
gemeinern.) Längs der Koexistenzkurve gilt nach (4.4) und (II.7.26')
(oder Tabelle I)

$$\frac{\partial G_1}{\partial T}\, dT + \frac{\partial G_1}{\partial p}\, dp = -S_1 dT + V_1 dp = -S_2 dT + V_2 dp$$

und daraus folgt wieder (4.3)[*]

Man beachte in diesem Zusammenhang, dass $\left(\frac{\partial G}{\partial T}\right)_p = -S$ bei ei-
nem Phasenübergang 1. Ordnung unstetig ist. (Die G-Fläche hat eine
"Kante".) Der konvexe Körper zu G hat deshalb in der Umgebung die
Form:

Die Gl. (4.3) erlaubt uns die Koexistenzkurve zu konstruieren,
wenn L und ΔV gemessen sind. Es lassen sich aber beide Seiten experimentell leicht bestimmen, und die Gleichung wurde sehr genau bestätigt. Dies stellt einen frühen Erfolg der TD dar.

Wir betrachten als Beispiel den Uebergang Eis $\longrightarrow$ Wasser. Hier
ist $L > 0$, $\Delta V < 0$, also $dp/dT < 0$. Bei isothermer Druckerhöhung
schmilzt Eis zu Wasser und umgekehrt.

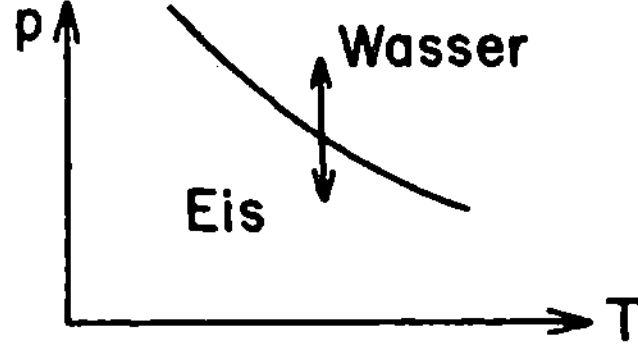

Dies ist wichtig für das Fliessen der Gletscher. Die weitverbreitete
Meinung, dass dieser Effekt beim Schlittschuhlaufen eine Rolle spiele,
ist aber ganz falsch (siehe die Uebungen).

---

[*] Es ist instruktiv, die hier gegebenen analytischen Ableitungen mit
der Methode der Kreisprozesse zu vergleichen. (Siehe z.B. Becker,
Theorie der Wärme, Heidelberger Taschenbücher, § 15.)

Machen wir im Fall des Verdampfens zwei Näherungsannahmen, so erhalten wir eine besonders nützliche Form von (4.3). Wir nehmen an, dass $V_{gas} \gg V_{flüssig}$, d.h. $\Delta V \simeq V_{gas}$ und verwenden das ideale Gasgesetz, $pV_{gas} = RT$, für die Gasphase. Damit kommt

$$\frac{dp}{dT} = \frac{L}{RT^2}\, p \, , \tag{4.6}$$

wobei L pro Mol gerechnet ist.

Ist zusätzlich L für den interessierenden Temperaturbereich konstant, so ergibt sich

$$\ell n\, p = -\frac{L}{RT} + const \, , \quad p(T) = p_0\, e^{-L/RT} \, . \tag{4.7}$$

Die folgende Figur 4.6 zeigt, dass diese Näherung für die Dampfdruck-kurve von Wasser ganz gut ist. Dies ist nicht mehr der Fall für ^{4}He (vgl. Fig. 4.7).

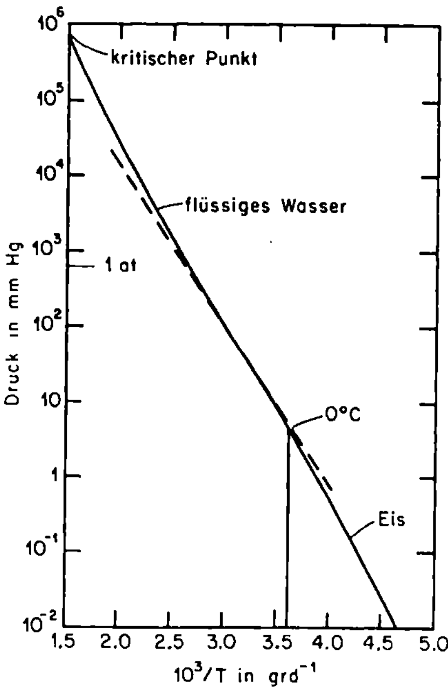

Fig. 4.6   Dampfdruck von Wasser und Eis, aufgetragen als Funktion von 1/T . Die vertikale Skala ist logarithmisch. Die gestrichelte Linie ist eine Gerade.

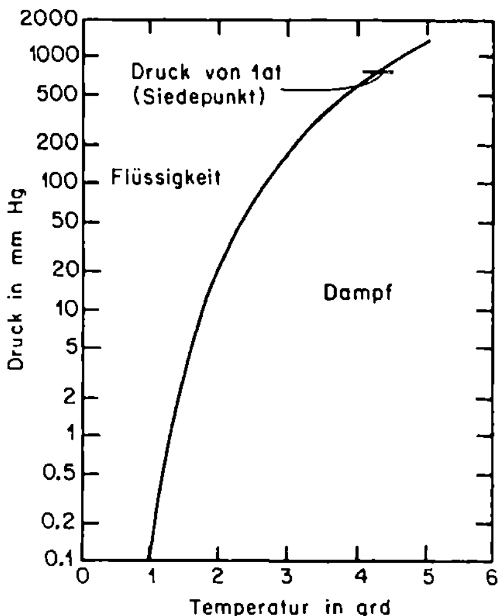

Fig. 4.7   Dampfdruck als Funktion der Temperatur für He^4.
[Nach H. van Dijk et al., Journal of Research of
the National Bureau of Standards 63A, 12 (1959]

Wir betrachten nun auch noch die Abbildung der Entropiefläche
in die (V,T)-Ebene. Diese ist wieder nicht injektiv, da für das Drei-
phasengebiet T konstant ist. Ausserhalb dieses Gebietes erhalten wir
aber ein treues Bild der Entropiefläche. Die (V,T)-Ebene ist qualitativ in Fig. 4.8 gezeigt.

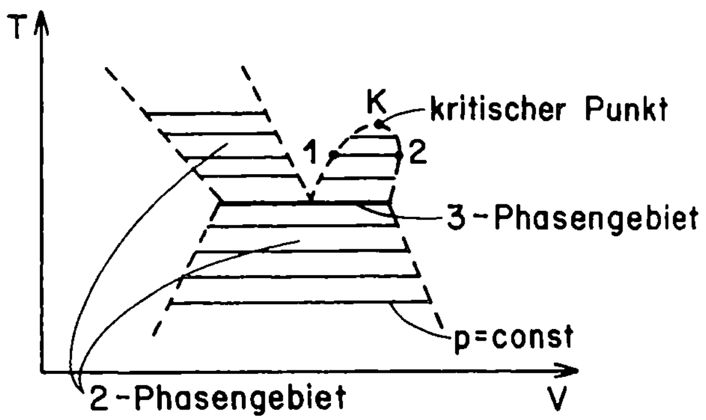

Fig. 4.8 (V,T)-Ebene.

Da längs den Geradenstücken der Regelflächen T = const (p = const) ist, gehen diese in horizontale Strecken über. Die freie Energie über den zugehörigen Geradenstücken ist linear (Wie man leicht aus Gl. (7.16) für F entnimmt) , in Uebereinstimmung mit $(\frac{\partial F}{\partial V})_T$ = $-p$ = const. Unterhalb und oberhalb des kritischen Punktes sind damit die Isothermen wie in Fig. 4.9.

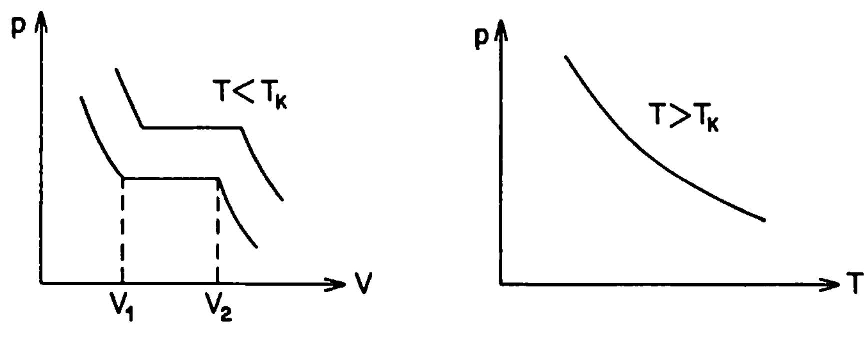

Fig. 4.9   Isothermen.

Beim kritischen Punkt folgt aus $V_2 \longrightarrow V_1$, $(\frac{\partial p}{\partial V})_T = 0$, dass $\varkappa_T \longrightarrow \infty$.

5. Das van der Waalssche Gas

Im Rahmen der phänomenologischen Thermodynamik kann man keine Aussagen über die Form der Zustandsgleichung machen. Dies ist grundsätzlich erst in der statistischen Mechanik möglich.

Im Jahre 1873 hat van der Waals in seiner Dissertation auf der Basis von einfachen kinetischen Betrachtungen eine Zustandsgleichung aufgestellt, welche die Verflüssigung der Gase qualitativ wiedergibt. Damit wollen wir uns in diesem Abschnitt beschäftigen.

A. Die Zustandsgleichung des van der Waalsschen Gases

Das ideale Gasgesetz gilt nur für genügend verdünnte Gase, weil dann
die Wechselwirkungen zwischen den Molekülen vernachlässigbar werden.
Bei höheren Dichten müssen diese aber berücksichtigt werden. Auf pau-
schale Weise hat dies van der Waals mit folgenden Argumenten getan.
Auf Grund der endlichen Ausdehnung der Moleküle ist der für die freie
Bewegung zur Verfügung stehende Raum kleiner. Sei b das für die Bewegung ausgeschlossene Volumen pro Mol. Die entsprechend grössere
Stossrate der Moleküle im kleineren Volumen v-b hat zur Folge, dass
der kinetische Druck p_{kin} die Gleichung $(v-b)p_{kin}$ = RT erfüllt.
p_{kin} ist aber nicht der wirkliche Druck auf die Oberfläche, weil zwischen den Molekülen anziehende Kräfte wirken. Diese nehmen mit dem Ab-
stand sehr schnell ab. Für ein Molekül weit weg von der Wand werden
sich deshalb die von allen Richtungen wirkenden Kräfte weitgehend auf-
haben. In der Nähe der Wand ist diese Kompensation senkrecht zur Wand
nicht mehr möglich und deshalb zieht eine Nettokraft diese Moleküle
nach innen, wodurch der tatsächliche Druck verringert wird. Diese Ver-
ringerung sollte proportional sein zur Zahl der Teilchen in der Nähe
der Wand und proportional zur Zahl der Teilchen, welche jene nach innen ziehen. Beide Zahlen sind proportional zur Teilchendichte 1/v .
Wir erwarten also $p = p_{kin} - a/v^2$, a = const. Dies bedeutet

$$(v-b)\left(p + \frac{a}{v^2}\right) = RT$$

- oder

$$p = \frac{RT}{v-b} - \frac{a}{v^2} \cdot \qquad (5.1)$$

Den letzten Term rechts nennt man auch den "Kohäsionsdruck".

Zunächst berechnen wir den Ausdehnungskoeffizienten α . Für
dp = 0 ist

$$\frac{dT}{v-b} - \left(\frac{T}{(v-b)^2} - \frac{2a}{Rv^3}\right) dv = 0$$

und folglich

$$\alpha = \frac{1}{v}\left(\frac{\partial v}{\partial p}\right)_p = \frac{v-b}{vT - \frac{2a}{R}\left(\frac{v-b}{v}\right)^2} \cdot \qquad (5.2)$$

Der Unterschied zum Wert 1/T des idealen Gases ist

$$\alpha - \frac{1}{T} = \left\{\frac{2a}{RT}\left(\frac{v-b}{v}\right)^2 - b\right\} \Big/ \left\{vT - \frac{2a}{R}\left(\frac{v-b}{v}\right)^2\right\}. \qquad (5.3)$$

Für $v \gg b$, $RTv \gg a$ ist

$$\alpha - \frac{1}{T} \approx \left(\frac{2a}{RT} - b\right) / vT .$$ (5.3')

B. Verlauf der Isothermen und Maxwell-Regel

In Fig. 5.1 zeigen wir das Bild der Isothermen zu (5.1). Ihre Asymptoten sind die v-Achse und die zur p-Achse parallele Gerade $v = b$.
Nach (5.1) sind die Schnittpunkte einer Isobaren $p = \text{const}$ mit einer Isothermen $T = \text{const}$ durch eine kubische Gleichung gegeben. Diese hat entweder eine oder drei reelle Wurzeln. Die Grenze zwischen den beiden Fällen bildet die <u>kritische Isotherme</u> $T = T_c$, auf welcher die drei Schnittpunkte in einen Wendepunkt mit horizontaler Tangente, dem <u>kritischen Punkt</u> $v = v_c$, $p = p_c$ zusammenfallen.

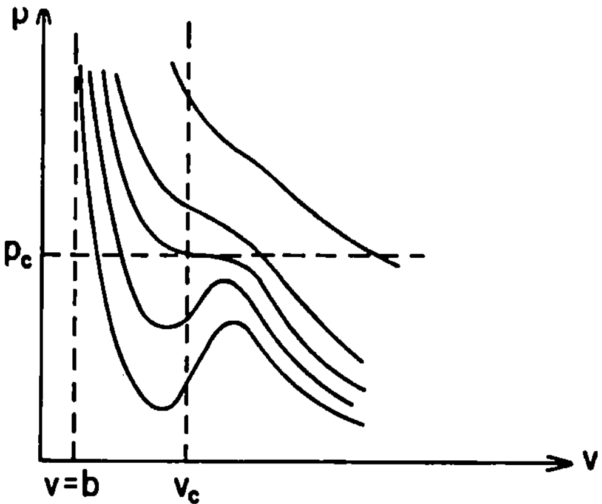

<u>Fig. 5.1</u> Isothermen der van der Waalsschen Zustandsgleichung.

p_c und T_c bestimmen sich aus

$$\frac{\partial p}{\partial v} = 0 \implies \frac{RT}{(v-b)^2} = \frac{2a}{v^3}$$

$$\frac{\partial^2 p}{\partial v^2} = 0 \implies \frac{RT}{(v-b)^3} = \frac{3a}{v^4} .$$

Dies gibt

$$v_c = 3b \quad , \quad RT_c = \frac{8}{27} \frac{a}{b} .$$ (5.4)

Den zugehörigen Wert p_c entnimmt man aus (5.1)

$$p_c = \frac{1}{27}\,\frac{a}{b^2}\,. \tag{5.5}$$

Damit haben wir a, b durch kritische Daten ausgedrückt.

Die Zustandsgleichung (5.1) lässt sich auf

$$(\tilde{T},\tilde{v},\tilde{p}) := (T/T_c,\ v/v_c,\ p/p_c) \tag{5.6}$$

umschreiben:

$$\left(\tilde{p}+\frac{3}{\tilde{v}^2}\right)(3\tilde{v}-1) = 8\tilde{T} \tag{5.7}$$

(Gesetz der korrespondierenden Zustände).
Aus (5.4) und (5.5) erhalten wir

$$\frac{RT_c}{p_c v_c} = \frac{8}{3} = 2.667\,. \tag{5.8}$$

Messungen ergeben aber meist grössere Werte (vgl. die folgende Tabelle).

Substanz	T_c(K)	p_c(bar)	$\dfrac{\mu}{v_c}(\dfrac{g}{cm^3})$	$\dfrac{RT_c}{p_c v_c}$
N_2	126.2	33.9	0.311	3.4
O_2	154.8	50.8	0.41	3.2
H_2O	647.4	221.1	0.32	4.3

Für $T < T_c$ weisen die Isothermen <u>steigende</u> Stücke auf (Fig.5.1).
Dies verletzt die Stabilitätsbedingung $\varkappa_T \geqslant 0$. Entsprechend ist die
freie Energie f $\left(\left(\frac{\partial f}{\partial v}\right)_T = -p\right)$ nicht konvex in v . Es ist deshalb
naheliegend, f für $T < T_c$ durch die konvexe Hülle f^* zu ersetzen
(vgl. Fig. 5.2). Mit den Bezeichnungen in der Fig. 5.2 bestimmt sich
dann der Dampfdruck durch

$$p^*(v_2-v_1) = f_1-f_2 = \int_{v_1}^{v_2} p\,dv\,,$$

d.h. die beiden schraffierten Flächen in Fig. 5.2 sind gleich
(Maxwellsche Regel).

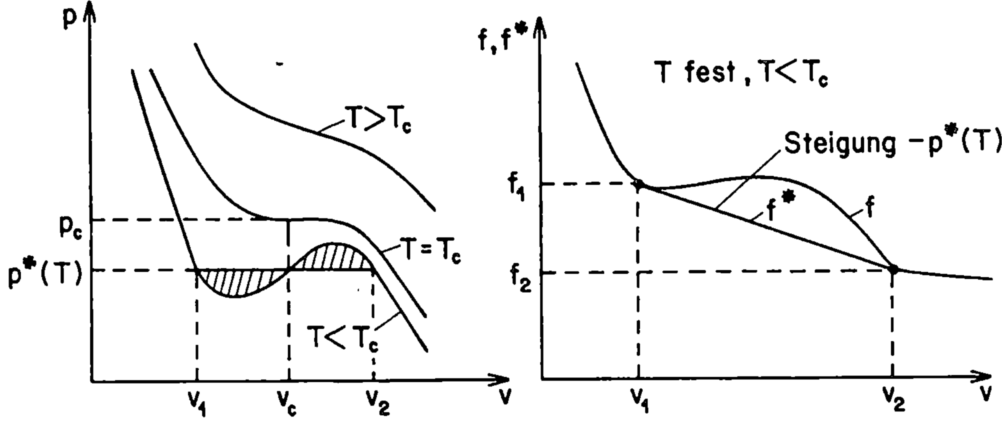

Fig. 5.2

Die geraden Stücke entsprechen dem Koexistenzgebiet der gasförmigen
und der flüssigen Phase (vgl. Fig. 5.3).

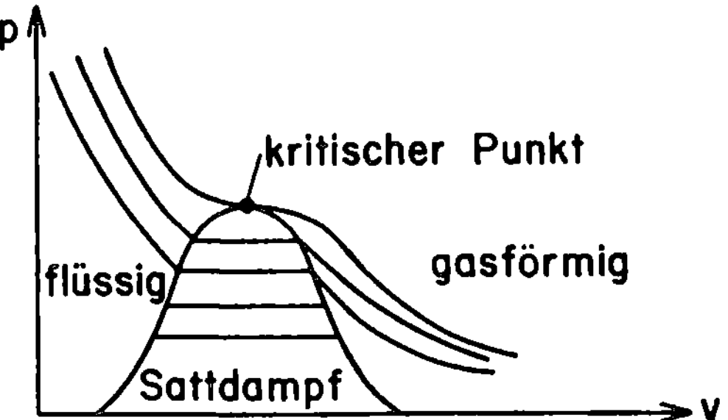

Fig. 5.3

Oft wird die Maxwellsche Regel auch folgendermassen "begründet".
Im Gleichgewicht gilt für die beiden Phasen

$$\mu_{I} = \mu_{II} \,, \qquad p_{I} = p_{II} \,, \qquad T_{I} = T_{II} \,.$$

Subtrahiert man vom Differential der Homogenitätsrelation
$U = TS - pV + \mu N$ die Gleichung $dU = TdS - pdV + \mu dN$, so erhält man

$$0 = S\,dT - V\,dp + N\,d\mu .$$

Durch Integration längs γ in Fig. 5.4 folgt für $N = \text{const}$

$$0 = -\int_{I}^{II} V\,dp + N\,(\mu_{II} - \mu_{I}),$$

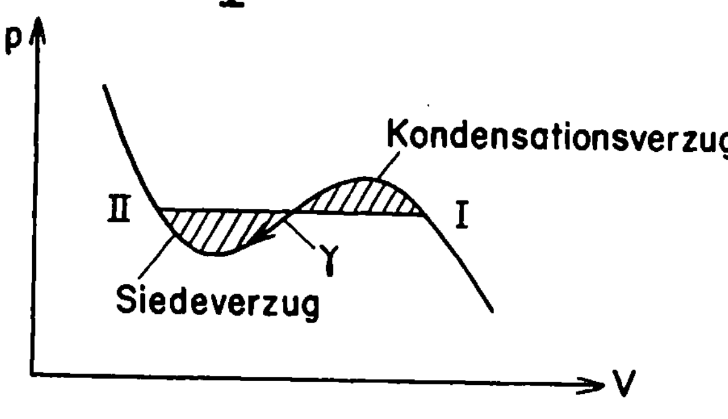

<u>Fig. 5.4</u>

woraus wieder die Gleichheit der schraffierten Flächen folgt.

In Fig. 5.4 haben wir auch noch die metastabilen Zustände (Kondensations- und Siedeverzug) angedeutet. Diese verschwinden aber bei kleinsten Verunreinigungen oder Erschütterungen.

C. Entropie und kalorisches Verhalten des van der Waalsschen Gases

Wir erinnern zunächst an folgendes. Aus

$$ds = \frac{1}{T}\,(du + p\,dv)$$
$$= \frac{1}{T}\left(\frac{\partial u}{\partial T}\right)_{v} dT + \frac{1}{T}\left[\left(\frac{\partial u}{\partial v}\right)_{T} + p\right] dv \qquad (5.9)$$

folgt, da die rechte Seite ein exaktes Differential ist,

$$\left(\frac{\partial u}{\partial v}\right)_{T} = T\left(\frac{\partial p}{\partial T}\right)_{v} - p . \qquad (5.10)$$

Deshalb können wir die Gl. (5.9) so schreiben:

$$ds = \frac{c_v}{T}\,dT + \left(\frac{\partial p}{\partial T}\right)_{v} dv . \qquad (5.11)$$

Aus (5.10) folgt ferner

$$\left(\frac{\partial c_v}{\partial v}\right)_T = \frac{\partial^2 u}{\partial T \partial v} = T\left(\frac{\partial^2 p}{\partial T^2}\right)_v . \tag{5.12}$$

Nun ist nach (5.1)

$$\left(\frac{\partial p}{\partial T}\right)_v = \frac{R}{v-b} , \tag{5.13}$$

und also gilt mit (5.12)

$$\left(\frac{\partial c_v}{\partial v}\right)_T = T\frac{\partial}{\partial T}\left(\frac{R}{v-b}\right)_v = 0 , \tag{5.14}$$

d.h. c_v ist für das van der Waalssche Gas nur von T abhängig.

Weiterhin ist nach (5.10)

$$\left(\frac{\partial u}{\partial v}\right)_T = \frac{a}{v^2} \tag{5.15}$$

und deshalb gilt

$$du = c_v(T)dT + \frac{a}{v^2}dv. \tag{5.16}$$

Aus (5.11) und (5.13) folgt weiter

$$ds = \frac{c_v(T)}{T}dT + \frac{R}{v-b}dv. \tag{5.17}$$

Für reale Gase ist c_v bei nicht zu niedriger Temperatur näherungsweise konstant. Durch Integration erhalten wir unter dieser Annahme

$$u(T,v) - u(T_0,v_0) \simeq c_v(T-T_0) - a\left(\frac{1}{v}-\frac{1}{v_0}\right) , \tag{5.16'}$$

$$s(T,v) - s(T_0,v_0) \simeq c_v \ln\frac{T}{T_0} + R\ln\frac{v-b}{v_0-b} . \tag{5.17'}$$

Wir berechnen noch $c_p - c_v$. Aus dem 1. Hauptsatz folgt sofort

$$c_p - c_v = \left\{\left(\frac{\partial u}{\partial v}\right)_T + p\right\}\left(\frac{\partial v}{\partial T}\right)_p .$$

$\left(\frac{\partial v}{\partial T}\right)_p$ entnehmen wir aus (5.2) und $\left(\frac{\partial u}{\partial v}\right)_T$ aus (5.15). Man findet

$$c_p - c_v = \frac{R}{1 - \frac{2a}{RT}\frac{(v-b)^2}{v^3}} . \tag{5.18}$$

D. Joule-Thomson-Kurve des van der Waals Gases

Nach Gl. (2.5) lautet die Diffgl. für die Inversionskurve

$$T_i \left(\frac{\partial v}{\partial T}\right)_p - v = 0.$$
(5.19)

Für das van der Waalssche Gas gilt

$$T_i = v \left(\frac{\partial T}{\partial v}\right)_p = \frac{v}{R}\left[p + \frac{a}{v^2} - \frac{2a}{v^3}(v - b)\right]$$

$$= \frac{v}{R}\left[\frac{RT}{v - b} - \frac{2a}{v^3}(v - b)\right] ,$$

$$T_i\left(1 - \frac{v}{v - b}\right) = -\frac{2a}{R}\frac{v - b}{v^2} ,$$

$$RT_i = \frac{2a}{b}\left(\frac{v - b}{v}\right)^2 \approx 2a/b$$
$$\text{(für } v \gg b) .$$
(5.20)

Im (p,T)-Diagramm ergibt sich z.B. für Stickstoff die Fig. 5.5.

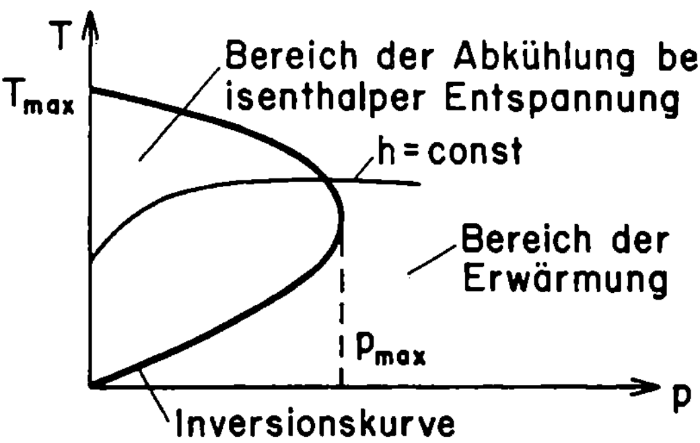

<u>Fig. 5.5</u>

Innerhalb der Inversionskurve tritt für das van der Waalssche Gas beim Joule-Thomson-Versuch (Δh = 0) Abkühlung auf, ausserhalb davon Erwärmung. Die maximale Inversionstemperatur ist für einige Gase in der folgenden Tabelle angegeben.

Gas	maximale Inv.Temp. (K)
CO_2	1500
Ar	723
N_2	621
Luft	603
H_2	202
He	40

Für H_2 tritt bei Zimmertemperatur immer Erwärmung auf. Das äussert sich drastisch bei Unglücksfällen, wo sich hochkomprimierter Wasserstoff beim Ausströmen aus schadhaft gewordenen Rohren von selbst entzündet.

6. Mehrstoffsysteme

In diesem Abschnitt untersuchen wir Mischungen von mehreren reinen Stoffen. Dabei sollen die verschiedenen Molekülsorten neutral sein. (Für elektrochemische Probleme verweise ich auf die Literatur.)

6.1. Zustände, thermodynamische Potentiale

Wir wollen vorläufig annehmen, dass zwischen den verschiedenen Stoffen keine chemischen Reaktionen stattfinden. Sind N_1, N_2, ... N_k die Molzahlen der verschiedenen Sorten, so ist ein GZ eindeutig charakterisiert durch $X := (U,V,N_1,...,N_k)$. Die Differentialform der reversiblen Arbeit hat die Gestalt

$$\alpha = -p\,dV + \sum_j \mu_j\,dN_j \; , \tag{6.1}$$

wobei der zweite Term reversible Veränderungen der Mischungsverhältnisse beschreibt; die μ_j sind die <u>chemischen Potentiale</u>.

Die Entropie $S(X)$ ist eine Funktion mit den in $\S$ II.7 aufgezählten Eigenschaften. Wegen (6.1) lautet ihr Differential

$$dS = \frac{1}{T} dU + \frac{p}{T} dV - \sum_{j=1}^{k} \frac{\mu_j}{T} dN_j \; . \tag{6.2}$$

Durch Umkehrung erhalten wir wieder die innere Energie $U(S,V,N_1,..,N_k)$.
Die übrigen thermodynamischen Potentiale ergeben sich wie früher
durch Legendre-Transformation

$$H(S,p,N_1,\ldots,N_k) = \inf_{V} \; [U(S,V,N_1,\ldots,N_k) + pV] \; ,$$

$$F(T,V,N_1,\ldots,N_k) = \inf_{S} \; [U(S,V,N_1,\ldots,N_k) - TS] \; , \tag{6.3}$$

$$G(T,p,N_1,\ldots,N_k) = \inf_{S,V} \; [U(S,V,N_1,\ldots,N_k) + pV - TS] \; . \tag{6.4}$$

$$\Omega(T,V,\mu_1,\ldots\mu_k) = \inf_{S,N} \; [U(S,V,N_1,\ldots,N_k) - TS - \sum_{j=1}^{k}\mu_j \cdot N_j] \; .$$

Aus den Homogenitätsrelationen erhält man wieder (II.7.30),
d.h. $\Omega = - pV$. Deshalb können wir den Druck als Legendre-Transformierte von U/V auffassen:

$$- p(T,\mu_1,\ldots,\mu_k) = \inf_{\substack{S/V \\ N_1/V,\ldots,N_k/V}} \; [(U/V)(S,V,N_1,\ldots,N_k) - T\frac{S}{V} - \sum\mu_j \frac{N_j}{V}] \; ,$$

(U/V ist nur eine Funktion der Dichten, bezüglich denen das Infimum
zu bilden ist.) Alle Formeln in $\S$ II.7 (Tabelle I) bleiben bestehen,
wenn man sich an N und μ einen Index angehängt denkt. Ferner gelten die aufgezählten Konvexitäts- (Konkavitäts-) Eigenschaften. (Im
Unterschied zu $k = 1$ ist die Konvexität von $G(p,T,N_1,\ldots,N_k)$ in den
N_i nicht mehr trivial.) Diese implizieren aber jetzt nicht mehr die
Extremalprinzipien für alle Arten von Hemmungen (semipermeable Wände,
etc.). Deshalb geben wir hier deren allgemeine Begründung.

Extremalprinzipien

a) Entropie. Nach dem 2. Teil des 2. Hauptsatzes kann bei der Aufhebung von Hemmungen die Entropie für isolierte Systeme nur zunehmen.
Dies wollen wir für das Folgende etwas formalisieren. Die gehemmten GZ
seien charakterisiert durch $(U,V;Y)$, wobei Y ein Gebiet des $\mathbb{R}^n$
durchläuft. Bei der Aufhebung der Hemmungen halten wir zunächst U,V
fest; Y kann aber über gewisse Untermannigfaltigkeiten $[Y]$ vari-
ieren. Verschiedene $Y \in [Y]$ sind modulo Hemmungen äquivalent. Die so
entstehende Faserung des Y-Raumes kann durch eine geringere Anzahl

($\le$ n) von Variablen parametrisiert werden. Wir bezeichnen die Gleichgewichtsentropie mit $S(U,V;[Y])$. Der 2. Hauptsatz sagt

$$S(U,V;[Y]) = \max_{Y \in [Y]} S(U,V;Y). \qquad (E\ 1)$$

b) Innere Energie. Von jetzt an betrachten wir nur gehemmte Gleichgewichte, für die die Temperatur in allen Systemteilen gleich ist (thermisches Gleichgewicht). Dann ist $S(U,V;Y)$ monoton in U , da $(\frac{\partial S}{\partial U})_{V;Y} = \frac{1}{T} > 0$. Folglich können wir durch Umkehrung die Funktion $U(S,V;Y)$ bilden. Für diese gilt nach (E 1)

$$U(S,V;[Y]) = \min_{Y \in [Y]} U(S,V;Y). \qquad (E\ 2)$$

Dieses Extremalprinzip ist in der Praxis nicht nützlich, aber aus ihm folgen die weiteren Extremalprinzipien.

c) Freie Energie. Für die freie Energie gilt nach (E2)

$$F(T,V;Y) = \inf_S \left[U(S,V;Y) - TS \right]$$
$$\ge \inf_S \min_{Y \in [Y]} \left[U(S,V;Y) - TS \right]$$
$$= \inf_S \left[U(S,V;[Y]) - TS \right] = F(T,V;[Y]).$$

Die letzte Grösse ist die freie Energie im ungehemmten Gleichgewicht. Also gilt

$$F(T,V;[Y]) = \min_{Y \in [Y]} F(T,V;Y). \qquad (E\ 3)$$

d) Gibbssches Potential. In gleicher Weise folgt

$$G(T,p;[Y]) = \min_{Y \in [Y]} G(T,p;Y). \qquad (E\ 4)$$

Als Anwendung (und Illustration) der Extremalprinzipien betrachten wir verschiedene Mischungsverhältnisse in zwei Teilen eines Kastens, der durch eine starre <u>semipermeable Wand</u> unterteilt ist, welche nur für die Sorte 1 durchlässig ist. Im übrigen sei das System im thermischen Gleichgewicht (die Wand sei diatherm). Da T und die Volumina fest sind, benutzen wir die freie Energie.

Mit den Bezeichnungen der Fig. 6.1 muss $F(T,V',N_1',\dots,N_k') +$ $+ F(T,V'',N_1-N_1',N_2'',\dots,N_k'')$ als Funktion von N_1' minimal sein. [In diesem Beispiel ist $Y = (N_1', N_2',\dots,N_k',N_1'',\dots,N_k'')$. Im gehemmten Zustand sei die Wand undurchlässig. Bei der Enthemmung (Durchlässigkeit für

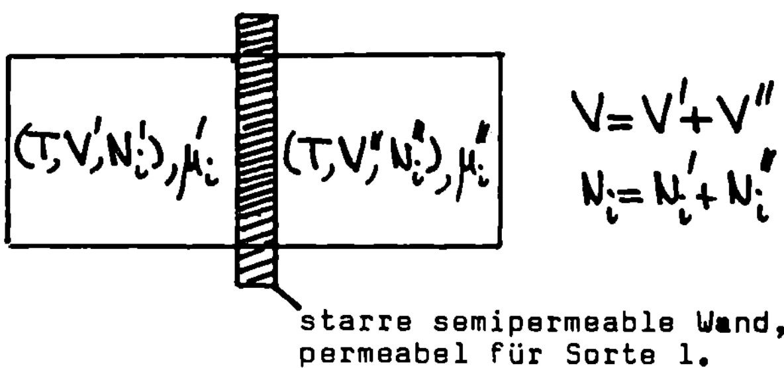

<u>Fig. 6.1</u>

Sorte 1) wird $[Y] = \left\{ Y \mid N'_1 + N''_1 = \text{const} , \text{ alle andern } N'_i, N''_i \text{ fest} \right\}$
= Segment in $\mathbb{R}^{2k}$.]

Dies bedeutet wegen

$$\mu_j = \left(\frac{\partial F}{\partial N_j}\right)_{T,V,N_1,\ldots,\hat{N}_j,\ldots,N_k} \qquad (6.6)$$

dass

$$\underline{\mu'_1 = \mu''_1} \qquad (6.7)$$

gilt. Da die Wand unbeweglich sein soll, wird sich kein Druckgleichge-
wicht einstellen (Osmose). Den Ueberdruck werden wir für verdünnte Lösungen in Abschnitt 6.3 berechnen.

Als Variablen benutzen wir im folgenden auch die <u>Konzentratio-</u>
<u>nen</u>:

$$c_j = N_j / N \quad , \quad N = \sum_j N_j \quad ;$$

$$\sum_j c_j = 1 .$$

6.2 Phasengleichgewichte

Reine Phasen sind (wie bei den einfachen Substanzen) Extremalpunkte der konkaven Entropiefläche Σ . Wiederum ist das Kriterium für
die Koexistenz von zwei Phasen I und II, dass es eine Strecke in Σ mit
Endpunkten I und II gibt. Da die Tangentialebenen in diesen Punkten
notwendigerweise zusammenfallen, folgt aus (6.2)

$$p_I = p_{II} \quad , \quad T_I = T_{II} \quad , \quad \mu_{jI} = \mu_{jII} \quad (j=1,\ldots,k). \qquad (6.8)$$

(Die Gleichheit dieser Intensitätsgrössen gilt natürlich für das ganze
Segment, welches I mit II verbindet.)

Die Simplices in Σ , welche die Koexistenz von ϕ Phasen beschreiben, haben die Dimension $\phi - 1 \leqslant k+1$. Ihre Extremalpunkte I,II,.., ϕ (reine Phasen) haben die gleichen Intensitätsgrössen. Neben der Gleichheit von T und p gilt also

$$\mu_{jI} = \mu_{jII} = \cdots = \mu_{j\phi} \, , \quad j = 1, \cdots , k.$$

(6.9)

Dies sind $k(\phi-1)$ Gleichungen für die intensiven Variablen p,T, c_{jI}, c_{jII},... . Wegen $\Sigma c_{jI} = \Sigma c_{jII} = \ldots = 1$ sind davon $2+\phi(k-1)$ unabhängig. Man erwartet deshalb i.a. nur eine Lösung für $\phi \leqslant k+2$. Daraus ergibt sich die <u>Phasenregel von Gibbs:</u> Sind ϕ Phasen eines k-komponentigen Systems in Koexistenz, so sind nur $f = k+2-\phi$ der intensiven Grössen $T, p, \mu_1, \ldots, \mu_k$ frei wählbar. Geometrisch ausgedrückt ist $f = \dim \Sigma - \dim (\text{Simplex}).$

Auf Grund der "Herleitung" ist klar, dass "die Regel nur gilt, wenn sie nicht falsch ist". Dies war auch Gibbs bewusst (oft aber nicht den Autoren von Thermodynamikbüchern).

6.3 Systeme von idealen Mischungen und verdünnten Lösungen

Die Entropie S(X) kann man grundsätzlich durch reversible Entmischung aus den Entropien S_j der k reinen Stoffe bestimmen. Die Entmischung kann z.B. mit Hilfe von semipermeablen Wänden geschehen, wie aus der Fig. 6.2 hervorgeht. (Eine andere Methode von Schrödinger werden wir in den Uebungen besprechen.) Bei quasistatischer Bewegung der Volumina ist der Prozess reversibel. Die Wände seien iso-

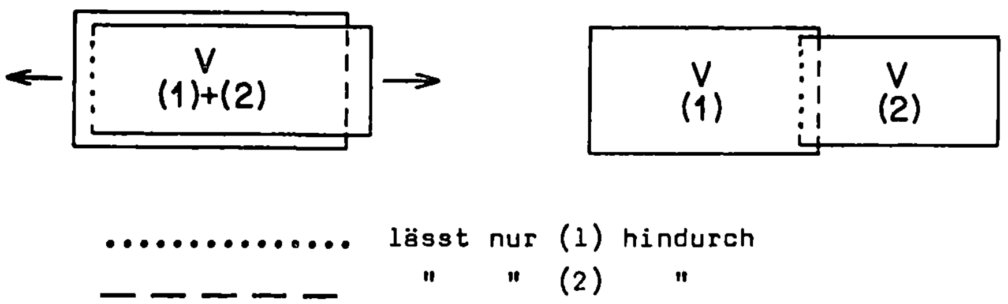

.... lässt nur (1) hindurch

— — — — — "   " (2) "

liert, so dass er auch adiabatisch geführt ist. Wird bei der adiabatischen Entmischung die Arbeit $A = \Delta U$ geleistet, so ist

$$S(U, V, N_1, N_2) = S_1(U_1, V, N_1) + S_2(U_2, V, N_2).$$

(6.10)

Dabei ist für diatherme Membrane

$$U_1 + U_2 = U + \Delta U \quad , \quad T_1 = T_2 \quad , \tag{6.11}$$

wodurch U_1, U_2 i.a. bestimmt sind. Mehr lässt sich ohne spezielle Annahmen nicht sagen.

A. Ideale Mischungen

Zunächst betrachten wir ideale Mischungen (z.B. ideale nichtreagierende Gase), für die $\Delta U = 0$ ist. Nach (6.10) und (6.11) ist dann

$$S\left(\sum_i U_i, V, N_1, .., N_k\right) = \sum_{i=1}^{k} S_i(U_i, V, N_i). \tag{6.12}$$

Durch Differentiation nach U_i folgt

$$T(U, V, N_1, ..., N_k) = T_i(U_i, V, N_i), \left(U = \sum_i U_i\right), \tag{6.13}$$

d.h. die adiabatische Entmischung ist isotherm. Durch Ableitung nach V ergibt sich die <u>Additivität der Partialdrucke</u>:

$$p(T, V, N_1, .., N_k) = \sum_i p_i(T, V, N_i). \tag{6.14}$$

Differentiation nach N_i gibt schliesslich

$$\mu_i(T, p, N_1, .., N_k) = \mu_i^0(T, p_i) \quad , \tag{6.15}$$

wobei rechts das chemische Potential des reinen Stoffes beim Partialdruck steht.

Aus (6.12) folgt für die weiteren Potentiale

$$U\left(\sum S_i, V, N_1, .., N_k\right) = \sum U_i(S_i, V, N_i) \ ,$$
$$F(T, V, N_1, .., N_k) = \sum F_i(T, V, N_i) \ , \tag{6.16}$$
$$G(T, p, N_1, .., N_k) = \sum G_i(T, p, N_i).$$

Für die Zustandsgleichung idealer Gase ist $(\partial G_i / \partial p)_{T, N_i} = V = \dfrac{N_i RT}{p}$, also

$$G_i(T, p_i, N_i) = G_i(T, p, N_i) + \int_p^{p_i} \frac{N_i RT}{p} \, dp \ ,$$

oder, da $p_i/p = N_i/N$ ist,

$$G_i(T, p_i, N_i) = G_i(T, p, N_i) + RT N_i \ln \frac{N_i}{N} \ .$$

88

Mit (6.16) erhalten wir

$$G(T, p, N_1, \ldots, N_k) = \sum_i G_i(T, p, N_i) + RT \sum_i N_i \ln \frac{N_i}{N}.$$

(6.17)

Durch Differentiation nach N_i ergibt sich

$$\mu_i(T, p, N_1, \ldots, N_k) = \mu_i^0(T, p) + RT \ln c_i$$

(6.18)

und ableiten nach T liefert

$$S(T, p, N_1, \ldots, N_k) = \sum_i S_i(T, p, N_i) - R \sum_i N_i \ln \frac{N_i}{N}.$$

(6.19)

Der letzte Term ist die __Mischentropie__, d.h. die Entropiezunahme beim
spontanen Prozess der irreversiblen Durchmischung durch Diffusion
(nach Entfernung von Trennwänden).

Nun beachte man folgendes: Für $N_i \neq N$ ist

$$\Delta S := - RN \sum_i c_i \ln c_i > 0.$$

(Dieser Ausdruck ist proportional zur informationstheoretischen Entropie der W-Verteilung $\{c_1, \ldots, c_k\}$.)

Handelt es sich aber um zwei identische Gase, bei denen die
Wegnahme der Wand keine Rolle spielt, so kommt es natürlich zu keiner
Entropievermehrung. Könnte man also den chemischen Unterschied der Gase stetig gegen Null gehen lassen, so würde sich dabei die Entropie unstetig verhalten. Dies nennt man das __Gibbssche Paradoxon__. Der Aufbau
der Atome erfolgt aber unstetig.

B. Fast ideale Mischungen (verdünnte Lösungen)

Verdünnte Lösungen können ähnlich behandelt werden wie ideale Gase.

Der Stoff 1 sei das Lösungsmittel und es gelte $N_i \ll N_1$,
$i = 2, \ldots k$. Dabei ist es gleichgültig, welchen Aggregatszustand die Lösung aufweist. Unter diesen Bedingungen können wir die innere Energie
nach den Molzahlen $N_2, \ldots, N_k$ entwickeln (d.h. wir entwickeln U/N
nach $N_2/N, \ldots, N_k/N$) :

$$U(T, p, N_1, \ldots, N_k) = U(T, p, N_1, N_2 = 0, \ldots, N_k = 0) + \underbrace{\sum_{j=2}^{k} N_j \left(\frac{\partial U}{\partial N_j}\right)_{N_2 = \cdots = N_k = 0}}_{=: u_j(T, p)}.$$

$u_1(T, p) = U(T, p, N_1, N_2 = 0, \ldots, N_k = 0)/N_1$ ist die spezifische Energie
des Lösungsmittels. Für $j > 1$ sind aber die u_j nicht die spezifi-

schen inneren Energien der Stoffe. Man erhält für U lediglich formal denselben Ausdruck

$$U(T,p,N_1,..,N_k) \simeq \sum_{j=1}^{k} N_j\, u_j(T,p) \tag{6.20}$$

wie in (6.16) für ideale Gase. Man beachte, dass die u_j unabhängig von den Molzahlen sind, also nur von der Natur des Lösungsmittels und des j-ten gelösten Stoffes (sowie von p und T) abhängen. Dies folgt sofort aus der Homogenität ersten Grades von U in den Molzahlen.

Analog können wir $V(T,p,N_1,..,N_k)$ entwickeln:

$$V(T,p,N_1,..,N_k) \simeq \sum_{j=1}^{k} N_j\, v_j(T,p). \tag{6.21}$$

Entsprechend ist v_1 das spezifische Volumen des Lösungsmittels und $v_2,..,v_k$ sind die partiellen Ableitungen von V nach den Molzahlen $N_2,...,N_k$.

Heikler ist die Berechnung der Entropie, da dafür ein Mischterm auftreten muss. Wir betrachten zunächst die Entropie bei festen (aber beliebigen) Molzahlen. Dann ist nach (6.20) und (6.21)

$$dS = \frac{dU + p\,dV}{T} \simeq \sum N_i \frac{du_i + p\,dv_i}{T}. \tag{6.22}$$

Da die u_i und v_i nicht von den Molzahlen abhängen, muss $\frac{1}{T}(du_i + p\,dv_i)$ ein exaktes Differential sein:

$$\frac{du_i + p\,dv_i}{T} = ds_i. \tag{6.23}$$

Durch Integration ergibt sich

$$S(T,p,N_1,..,N_k) = \sum_{i=1}^{k} N_i\, s_i(T,p) + C(N_1,..,N_k). \tag{6.24}$$

Die $s_i(T,p)$ sind natürlich nur bis auf Konstanten bestimmt. Für grosse T und kleine p sollte (6.24) in den Ausdruck (6.19) für ideale Gase übergehen. Bei geeigneter Normierung der $s_i(T,p)$ (so dass diese für $T \rightarrow \infty$, $p \rightarrow 0$ in die spezifischen Entropien der einzelnen Stoffe übergehen) ist deshalb

$$C(N_1,...,N_k) = -R \sum_i N_i \ln \frac{N_i}{N}.$$

Formal erhalten wir also wieder den Ausdruck (6.19), d.h.

$$S(T,p,N_1,...,N_k) = \sum_i N_i\, s_i(T,p) - R \sum_i N_i \ln \frac{N_i}{N}. \tag{6.25}$$

Aus (6.20), (6.21) und (6.25) ergibt sich für das Gibbssche
Potential (in den richtigen Variablen)

$$G(T,p,N_1,..,N_k) = \sum_{i=1}^{k} N_i\, g_i(T,p) + RT \sum_i N_i \ln \frac{N_i}{N} , \tag{6.26}$$

mit

$$g_i(T,p) = u_i(T,p) + p\,v_i(T,p) - T s_i(T,p) . \tag{6.27}$$

Für die Anwendungen sind vor allem die Gleichgewichtsparameter
$\mu_j = (\frac{\partial G}{\partial N_j})_{T,p,N_1,..,\hat{N}_j,..,N_k}$ wichtig. Für diese erhalten wir

$$\mu_j = g_j(T,p) + RT \ln c_j . \tag{6.28}$$

Nach (6.27) ist $g_1(T,p)$ das chemische Potential $\mu_1^0(T,p)$ des reinen
Lösungsmittels. Deshalb ist für $c_1 \approx 1$, $c_i \ll 1$ $(i=2,..,k)$

$$\boxed{\mu_1(T,p,c_2,..,c_k) = \mu_1^0(T,p) + RT \ln c_1 = \mu_1^0(T,p) - RT \sum_{j=2}^{k} c_j .}$$
$$\tag{6.29}$$

Setzen wir noch

$$\mu_j^*(T,p) = g_j(T,p) = u_j + p\,v_j - T s_j , \quad (j=2,..,k), \tag{6.30}$$

so gilt ausserdem

$$\boxed{\mu_j(T,p,c_2,..,c_k) = \mu_j^*(T,p) + RT \ln c_j \quad (j=2,..,k).}\tag{6.31}$$

In $\mu_j^*(T,p)$ steckt auch eine Wechselwirkung mit dem Lösungsmittel.
Wesentlich in (6.31) und (6.29) ist die explizite <u>Konzentrationsab-
hängigkeit</u> der chemischen Potentiale. Dies führt zu den nachfolgenden
interessanten Anwendungen.

A. Osmotischer Druck

Wir betrachten nun die Situation in Fig. 6.2, in der das reine Lösungsmittel und eine Lösung durch eine semipermeable Membran getrennt sind,
die nur für das Lösungsmittel durchlässig ist.

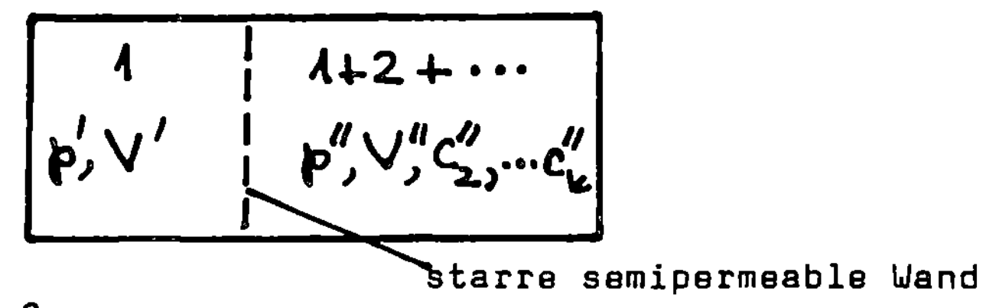

<u>Fig. 6.2</u>

Die Gleichgewichtsbedingung (6.7) lautet

$$\mu_1(T, p', c_2 = 0, \ldots, c_k = 0) = \mu_1(T, p'', c_2'', \ldots, c_k'') \ , \qquad (6.32)$$

oder mit (6.29)

$$\mu_1^0(T, p') = \mu_1^0(T, p'') - RT \sum_{j=2}^{k} c_j'' \ . \qquad (6.33)$$

Da für reine Stoffe $(\partial \mu / \partial p)_T = v(p, T)$ gilt, erhalten wir aus (6.33) für den Ueberdruck $\Delta p := p'' - p'$ näherungsweise

$$\Delta p \cdot V_1 = RT \sum_{j=2}^{k} c_j'' \ , $$

oder mit $V'' = v_1 \, N_1''$

$$\boxed{\ \Delta p = \sum_{j=2}^{k} \frac{N_j'' RT}{V''} \qquad (6.34) }$$
$$\text{(Gesetz von van 't Hoff).}$$

In Worten bedeutet dies:

> Der von der gelösten Substanz (2+3+...) ausgeübte osmotische
> Druck ist gleich gross wie derjenige Druck, welchen die Sub-
> stanzen 2+3+... als freies ideales Gas bei der gleichen Kon-
> zentration ausüben würden.

__Beispiel:__   1430 g Rohrzucker in 1 ℓ H_2O

$$\Delta p_{exp} = 149 \text{ atm} \quad \text{bei } 30^oC \ ,$$
$$\Delta p_{th} = 104 \text{ atm} \quad \text{bei } 30^oC \ .$$

Trotz grosser Konzentration $(c''_2 \ll 1)$ ist die theoretische Antwort
recht gut.

B. Phasengleichgewicht binärer Systeme

Wir untersuchen jetzt die Aenderungen des Gefrierpunktes, des Siedepunktes und des Dampfdruckes für Lösungen. Dazu betrachten wir ein Lösungsmittel 1, welches im reinen Zustand (T_0, p_0) in zwei Phasen I
und II koexistiert. Nach (6.8) gilt

$$\mu_{1 \, I}^{(0)}(T_0, p_0) = \mu_{1 \, II}^{(0)}(T_0, p_0) . \qquad (6.35)$$

Eine Substanz 2 sei in den beiden Phasen gelöst mit c_{2I} , $c_{2II} \ll 1$.
Dadurch wird die Phasenkoexistenzkurve verschoben, denn für diese gilt
(vgl.(6.9)):

$$\mu_{1I}(T, p, c_{2I}) = \mu_{1II}(T, p, c_{2II}),$$ (6.36)

$$\mu_{2I}(T, p, c_{2I}) = \mu_{2II}(T, p, c_{2II}).$$ (6.37)

μ_{2I}, μ_{2II} sind dabei die chemischen Potentiale der Substanz 2 in den beiden Phasen des Lösungsmittels.

Die Gleichungen (6.36), (6.37) definieren im Raum der (p, T, c_{2I}, c_{2II}) eine zweidimensionale Untermannigfaltigkeit. Wir linearisieren (6.36) in den kleinen Unterschieden $\Delta T = T - T_0$, $\Delta p = p - p_0$. Mit (6.29) kommt

$$\frac{\partial \mu_{1I}^{(o)}}{\partial T}(T_0, p_0)\, \Delta T + \frac{\partial \mu_{1I}^{(o)}}{\partial p} \cdot \Delta p - RT_0\, c_{2I} = dito\ mit\ I \to II,$$

oder

$$-(s_I - s_{II})\Delta T + (v_I - v_{II})\Delta p = (c_{2I} - c_{2II})RT.$$ (6.38)

Wir betrachten jetzt zwei Spezialfälle dieser "verallgemeinerten Clausius-Clapeyronschen Gleichung".

a) Gefrierpunktserniedrigung und Dampfdruckerhöhung

Nach (6.38) ändert sich die Uebergangstemperatur bei festem $p = p_0$ gemäss

$$\Delta T = \frac{RT(c_{2I} - c_{2II})}{s_{II} - s_I} = \frac{RT^2(c_{2I} - c_{2II})}{L(I \to II)},$$ (6.39)

wobei $L(I \to II) = T(s_{II} - s_I)$ die Uebergangswärme von der ersten in die zweite Phase bezeichnet.

Diese Formel bestimmt speziell die Aenderung des Gefrierpunktes beim Lösungsprozess, wenn der gelöste Stoff in der festen Phase nicht lösbar ist (z.B. Eis und Wasser). Da beim Gefrieren Wärme abgegeben wird, ist $\Delta T < 0$, d.h. der Lösungsprozess erniedrigt den Gefrierpunkt (weshalb man Salz zu streuen pflegt).

Die Beziehung (6.39) bestimmt auch die Aenderung des Siedepunktes bei einem Lösungsprozess, wenn der Stoff nicht flüchtig ist. (Die beiden Phasen sind die flüssige Lösung und der Dampf des Lösungsmittels.) ΔT ist jetzt die Temperaturdifferenz zwischen dem Punkt, wo das Lösungsmittel aus der Lösung verdampft und dem Siedepunkt des reinen Lösungsmittels. Weil beim Sieden Wärme verbraucht wird, ist $\Delta T > 0$, d.h. der Siedepunkt wird durch die Lösung erhöht.

b) Dampfdruckänderung

Nun erhalten wir $T = T_o$ fest und erhalten aus (6.38) für die Dampfdruckerhöhung als Funktion von $c_{2I} - c_{2II}$

$$\Delta p = \frac{RT(c_{2I} - c_{2II})}{v_I - v_{II}} \tag{6.40}$$

$$\text{(Raoultsches Gesetz)}.$$

Wir wenden diese Formel auf das Gleichgewicht zwischen einer
flüssigen und einer gasförmigen Phase an (s.Fig. 6.3).

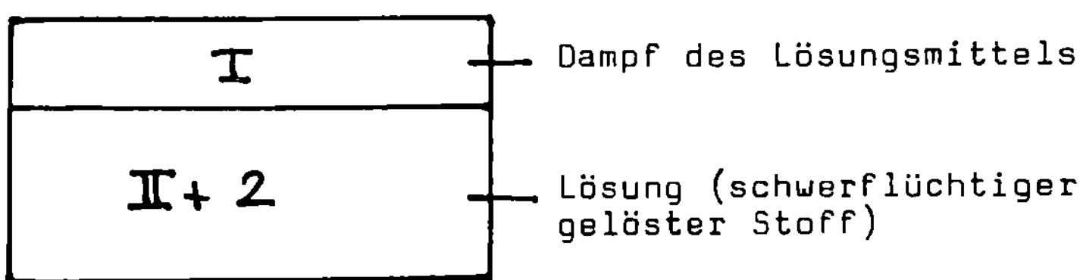

Fig. 6.3

Da $v_I \gg v_{II}$, $c_{2I} = 0$, $pv_I \approx RT$, gilt

$$\Delta p / p = -c , \tag{6.41}$$

wo c die Konzentration der Lösung ist. Danach ist die relative Er-
niedrigung des Druckes des gesättigten Dampfes des Lösungsmittels
gleich der Konzentration der Lösung.

C. Gleichgewicht eines gelösten Stoffes in zwei Lösungsmitteln

Nun betrachten wir zwei sich berührende Lösungen I,II ein und desselben
Stoffes in verschiedenen Lösungsmitteln (z.B. in zwei nicht mischbaren
Flüssigkeiten).

Die Gleichgewichtsbedingung verlangt jetzt, dass die chemischen Potentiale des _gelösten_ Stoffes in den beiden Lösungen gleich
sein müssen. Nach (6.31) gilt also

$$\mu_I^*(T,p) + RT \ln c_I = \mu_{II}^*(T,p) + RT \ln c_{II} .$$

Daraus ergibt sich

$$c_I / c_{II} = \exp\left(\frac{\mu_{II}^*(T,p) - \mu_I^*(T,p)}{RT}\right). \tag{6.42}$$

Dies zeigt, dass das Verhältnis c_I/c_{II} (bei gegebenem Druck und gegebener Temperatur) immer gleich ist.

D. Lösung eines (idealen) Gases in einem Lösungsmittel

Schliesslich betrachten wir das Gleichgewicht zwischen einem Gas (welches wir als ideal annehmen) und seiner Lösung in irgendeinem kondensierten Lösungsmittel.

Die Gleichheit der chemischen Potentiale des reinen und des gelösten Gases lautet nach (6.31)

$$\mu^o(T,p) = \mu^*(T,p) + RT \ln c \, .$$

Die Ableitung nach dem Druck bei festem T gibt [*]

$$v_{rein} = v_{gelöst} + RT \frac{\partial \ln c}{\partial p} \, .$$

Dabei ist $v_{gelöst}$ die Aenderung des Lösungsvolumens bei der Lösung eines Mols. Es ist $v_{rein} \gg v_{gelöst}$ und damit

oder

$$\frac{RT}{p} = RT \frac{\partial \ln c}{\partial p} \, ,$$

$$\boxed{c = \text{const} \cdot p \, , \quad \text{für} \quad T = \text{const}} \tag{6.43}$$

(Gesetz von Henry).

Bei der Lösung eines Gases ist also die Konzentration der (schwachen) Lösung proportional zum Gasdruck.

---

[*] Nach (6.26) und (6.30) ist

$$V = \left(\frac{\partial G}{\partial p}\right)_T = N_1 \left(\frac{\partial \mu_1}{\partial p}\right)_T + N_2 \left(\frac{\partial \mu_2}{\partial p}\right)_T = N_1 \left(\frac{\partial \mu_1^o}{\partial p}\right)_T + N_2 \left(\frac{\partial \mu_2^o}{\partial p}\right)_T .$$

Deshalb ist $(\partial \mu_2^*/\partial p)_T$ die Aenderung des Lösungsvolumens bei der Lösung eines Mols.

6.4 Chemische Reaktionen, Massenwirkungsgesetz

Wir untersuchen jetzt ein Einphasen-Mischsystem, in welchem
"chemische" Reaktionen ablaufen können. (Dies können auch Kernreak-
tionen in einem Stern oder Elementarteilchenreaktionen im frühen Uni-
versum sein.) Auch wenn das System materiell abgeschlossen ist, können
sich auf Grund dieser Reaktionen die Molzahlen ändern. Bei gegebenen
äusseren Bedingungen wird sich schnell ein GZ einstellen.

Chemische Reaktionen schreibt man symbolisch als Gleichungen

$$\sum_i \nu_i A_i = 0 , \tag{6.44}$$

wobei A_i die chemischen Symbole der reagierenden Stoffe und ν_i die
stöchiometrischen Koeffizienten sind.

__Beispiel:__ Für $2H_2 + O_2 \rightleftharpoons H_2O$ schreiben wir

$$H_2 + O - H_2O = 0$$

$$(\nu_{H_2} = 1 , \nu_O = 1 , \nu_{H_2O} = -1) .$$

Wir nehmen an, dass die Reaktionen bei konstanter Temperatur
und bei konstantem Druck ablaufen. Es mögen s solche zwischen den
$A_1,\ldots,A_k$ stattfinden

$$\sum_{i=1}^{k} \nu_i^{(r)} A_i = 0 , \qquad r = 1,2,\ldots,s . \tag{6.45}$$

A. Bedingungen für das Gleichgewicht

Im Gleichgewicht muss das Gibbssche Potential (bei gegebenen T,p) den
kleinstmöglichen Wert haben (siehe S. 84). Wir müssen also untersuchen,
wann das Gibbssche Potential $G(T,p,N_1,\ldots,N_k)$ von antikatalytisch gehemmten GZ auf den Untermannigfaltigkeiten

$$\left\{ N_i = N_i^0 + \sum_r \nu_i^{(r)} \lambda^{(r)} \mid N_i^0 = const , \lambda^{(r)} \in \mathbb{R}, i=1,\ldots,s \right\} \tag{6.46}$$

ein Minimum annimmt. Die Stationaritätsbedingung von G als Funktion
der $\lambda^{(r)}$ lautet

$$0 = \frac{\partial G}{\partial \lambda^{(r)}} = \sum_i \frac{\partial G}{\partial N_i} \frac{\partial N_i}{\partial \lambda^{(r)}} = \sum_i \mu_i \nu_i^{(r)} .$$

Die Gleichungen

$$\boxed{\sum_i \mu_i \nu_i^{(r)} = 0 , \qquad r = 1,\ldots,s} \tag{6.47}$$

auf der Mannigfaltigkeit (6.46) bestimmen das Gleichgewicht für $(N_1,..,N_r)$ eindeutig, falls $G(T,p,N_1,..,N_k)$ __strikt__ konvex ist, d.h. für reine Phasen. Die Gl. (6.47) gehen aus den Reaktionsgleichungen (6.45) durch die Ersetzung $A_i \longrightarrow \mu_i$ hervor. Sie können als allgemein gültigen Ausdruck für das __Massenwirkungsgesetz__ angesehen werden.

Bemerkungen

1. Für die obige Herleitung ist wesentlich, dass wir die chemischen GZ mit chemisch gehemmten GZ vergleichen konnten. Das "Zaubermittel" (Pauli) der dafür notwendigen idealen Antikatalysatoren existiert aber nur in seltenen Fällen.

2. In (6.46) und damit auch in (6.47) kommt es nur auf den im Raume der $\underline{N} = (N_1,...,N_k)$ durch die Vektoren $\left\{ \underline{\nu}^{(r)} = (\nu_i^{(r)}) \mid r = 1,..,s \right\}$ aufgespannten Unterraum an. Deshalb kann man sich auf einen Satz von linear unabhängigen Reaktionsgleichungen beschränken.

3. Aus (6.47) soll man nicht den Fehlschluss ziehen, dass das chemische Gleichgewicht durch die Thermodynamik des "inerten Gemisches" bestimmt sei — also z.B. im Falle idealer Gase durch die Thermodynamik der reinen Stoffe. Ohne Berücksichtigung der chemischen Umwandlungsmöglichkeiten können wir nämlich U und S und damit G und μ_i umnormieren:

$$U \longrightarrow U + \sum N_i a_i \ ,$$

$$S \longrightarrow S + \sum N_i b_i \ ;$$

$$G \longrightarrow G + \sum N_i (a_i - Tb_i) \ ,$$

$$\mu_i \longrightarrow \mu_i + a_i - Tb_i \ .$$

Im chemischen Gleichgewicht sind diese Umnormierungen aber nach (6.47) eingeschränkt: $\sum_i \nu_i^{(k)} a_i = \sum_i \nu_i^{(k)} b_i = 0$. Dies rührt davon her, dass innerhalb der Mannigfaltigkeiten (6.46) jetzt Energie — und Entropie-Differenzen messbar sind (durch reversible Veränderungen des chemischen Gleichgewichtes) und daher Energie und Entropie nicht mehr unabhängig für jeden Stoff normiert werden können. Dies wird berücksichtigt, indem man in (6.47) die unbekannten Konstanten stehen lässt:

$$\sum_i \nu_i^{(k)} (\mu_i + a_i - Tb_i) = 0 \, ,$$

wobei jetzt die Normierungen der μ_i willkürlich sind. So sieht man, dass für jede Reaktion zwei "chemische Konstanten" $\sum \nu_i a_i$, $\sum \nu_i b_i$ auftreten, die erst auf Grund von Messungen __chemischer__ Gleichgewichte

bestimmbar sind. (Der 3. Hauptsatz wird die Konstante $\sum \nu_i b_i$ elimi-
nieren.)

8. Massenwirkungsgesetz für ideale Gase

Wir wenden nun die allgemeine Bedingung für das chemische Gleichgewicht auf ein ideales Gasgemisch an. Der Einfachheit halber sei nur
eine Reaktion $\sum \nu_i A_i = 0$ möglich. Nach (6.18) ist

$$\mu_i(T,p,c_1,\ldots,c_k) = \mu_i^0(T,p) + RT\ln c_i . \tag{6.48}$$

Dies setzen wir in

$$\sum_{i=1}^{k} \nu_i \mu_i = 0 \tag{6.49}$$

ein und erhalten

$$\prod_{i=1}^{k} c_i^{\nu_i} = e^{-\frac{1}{RT}\sum_i \nu_i \mu_i^0(T,p)} \equiv K(T,p) . \tag{6.50}$$

Dies ist das Massenwirkungsgesetz für ideale Gase. Die rechts stehende
Grösse ("Massenwirkungskonstante") ist nur eine Funktion der Temperatur
und des Druckes.

Wir wollen uns noch direkt davon überzeugen, dass $K(T,p)$
durch die Eigenschaften der reinen Stoffe plus zwei chemischen Konstanten bestimmt ist. Dazu betrachten wir die Ableitungen von $\ln K(T,p)$
nach T und p .

Zunächst gilt

$$\left(\frac{\partial \ln K}{\partial p}\right)_T = -\frac{1}{RT}\sum \nu_i \left(\frac{\partial \mu_i^0}{\partial p}\right)_T ,$$

d.h.

$$\left(\frac{\partial \ln K}{\partial p}\right)_T = -\frac{1}{RT}\sum_i \nu_i v_i = -\frac{1}{p}\sum_i \nu_i . \tag{6.51}$$

$$\text{(Molvolumen der i-ten Komponente)}$$

Der Wert von $\sum \nu_i$ bestimmt demnach die Druckabhängigkeit des chemischen Gleichgewichtes:

$$K(T,p) = K_p(T)\, p^{-\sum \nu_i} . \tag{6.51'}$$

Sodann gilt

$$\left(\frac{\partial \ln K}{\partial T}\right)_p = -\frac{1}{RT}\sum \nu_i s_i^0 + \frac{1}{RT^2}\sum \nu_i \mu_i^0$$

$$\text{Entropie pro Mol des reinen Stoffes}$$

$$= \frac{1}{RT^2}\sum_i \nu_i \left(\mu_i^0 + T s_i^0\right) . \tag{6.52}$$

Nun ist aber die Enthalpie des i-ten Stoffes pro Mol (siehe (II.7.24))
$h_i = \mu_i^0 + Ts_i^0 = u_i + pv_i = u_i + RT$. Deshalb gilt

$$\left(\frac{\partial \ln K}{\partial T}\right)_p = \frac{1}{RT^2} \sum_i \nu_i h_i \, . \tag{6.53}$$

$\sum \nu_i h_i$ ist die Aenderung, $\Delta H(T,p)$, der Gesamtenthalpie
$H = \sum N_i h_i = U + pV$ "bei einmaligem Umsatz" $\Delta N = \nu_i$ und festen
T,p . Damit lautet (6.53)

$$\left(\frac{\partial \ln K}{\partial T}\right)_p = \frac{\Delta H(T,p)}{RT^2} \, . \tag{6.54}$$

Wegen $dH = TdS + Vdp$ ist dies auch die aufgenommene Reaktionswärme.
Diese bestimmt die Temperaturabhängigkeit des chemischen Gleichgewichtes.

Man beachte

$$\left(\frac{\partial \Delta H}{\partial T}\right)_p = \sum_i \nu_i \left(\frac{\partial h_i}{\partial T}\right)_p = \sum_i \nu_i c_p^i \, , \tag{6.55}$$

d.h. die T-Abhängigkeit von ΔH ist durch die Eigenschaften der reinen Stoffe bestimmt.

Die beiden Gl. (6.51), (6.54) werden nach <u>van 't Hoff</u> benannt.
Sie zeigen, dass $K(T,p)$ durch die Eigenschaften der reinen Stoffe und
zwei "chemische Konstanten", z.B. $K(T_0,p_0)$, $\Delta H(T_0,p_0)$, bestimmt ist.

Man kann die Gl. (6.50) auch auf die Partialdrucke $p_i = c_i p$
umschreiben. Mit Hilfe von (6.51') ergibt sich

$$\prod_{i=1}^k p_i^{\nu_i} = K_p(T) \qquad \text{(unabhängig von p !)} \, . \tag{6.50'}$$

<u>Beispiel:</u> Ammoniakerzeugung nach <u>Haber</u>:

$$1\,N_2 + 3H_2 \rightleftharpoons 2\,N H_3 ,$$

$$\sum \nu_i = 1 + 3 - 2 = 2 ,$$

$$\frac{c_{N_2}(c_{H_2})^3}{(c_{NH_3})^2} = K(T,p) = K_p(T)\,p^{-2} .$$

Für grosse NH_3- Ausbeute muss daher p möglichst gross sein !

<u>Bosch</u> hat seinerzeit die technischen Probleme überwunden, die
mit den hohen Drucken verbunden sind. Ferner hat eine Auswahl geeigneter Katalysatoren durch <u>Mittasch</u> zu den Vorbedingungen der erfolgrei-
chen industriellen Synthese beigetragen.

C. Massenwirkungsgesetz für verdünnte Lösungen

Wir schreiben die Reaktion ohne Beteiligung des Lösungsmittels 1 als

$$\sum_{i=2}^{k} \nu_i A_i = 0. \tag{6.56}$$

Da für die gelösten Stoffe $i=2,..,k$ nach (6.31), d.h.

$$\mu_j(T,p,c_1,...,c_k) = \mu_j^*(T,p) + RT \ln c_j \,, \tag{6.57}$$

μ_j __formal__ gleich lautet wie für ideale Gase (Gl.(6.48)), gilt wieder das Massenwirkungsgesetz (6.50).

Nach (6.30) ist

$$\mu_j^* = u_j - T s_j + p v_j \,. \tag{6.58}$$

Ferner gilt [*] nach (6.23)

$$du_j = T ds_j - p dv_j \,. \tag{6.59}$$

Deshalb ist

$$\left(\frac{\partial \mu_j^*}{\partial p}\right)_T = v_j \,, \quad \left(\frac{\partial \mu_j^*}{\partial T}\right)_p = -s_j \tag{6.60}$$

und damit gelten wieder die Gleichungen von van 't Hoff:

$$\left(\frac{\partial \ln K}{\partial p}\right)_T = -\frac{1}{RT} \sum_i \nu_i v_i = -\frac{\Delta V}{RT} \,, \tag{6.61}$$

$$\left(\frac{\partial \ln K}{\partial T}\right)_p = \frac{1}{RT^2} \sum_i \nu_i (u_i + p v_i) = \frac{\Delta H}{RT^2} \,. \tag{6.62}$$

Nach (6.20) und (6.21) sind dabei $\Delta V, \Delta H$ die Aenderungen des Volumens V und der Enthalpie $H = U + pV$ bei einmaligem Umsatz $\Delta N_i = \nu_i$. Freilich kann man jetzt H nicht mehr wie in (6.55) mit den spezifischen Wärmen der reinen Stoffe in Verbindung bringen.

Wenn die Lösung __inkompressibel__ ist, so sind die u_i und s_i nur Funktionen von T und v_i = const; ausserdem gilt

$$\left(\frac{\partial \ln K}{\partial \ln p}\right)_T = -\frac{p}{RT} \Delta V \ll 1. \tag{6.63}$$

---

[*] Man erinnere sich, dass die u_j und v_j für die gelösten Stoffe __nicht__ die spezifischen Energien und Volumina sind (vgl. S. 86).

Deshalb ist in diesem Fall die Massenwirkungskonstante <u>nur eine Funktion von T</u> , $K = K(T)$.

7. Der dritte Hauptsatz

Der im Vorangegangenen entwickelte Rahmen der Thermodynamik lässt für jeden reinen Stoff eine Normierungskonstante für die Entropie [*] frei (siehe Gl.(III.1.14)). Ausgehend von Beobachtungen elektrochemischer Umwandlungen gelangte Nernst 1906 zu folgendem

<u>POSTULAT (Nernst 1906):</u> "JEDE CHEMISCHE REAKTION IN KONDENSIERTER PHASE VERLAEUFT AM ABSOLUTEN NULLPUNKT OHNE AENDERUNG DER ENTROPIE".

In einer Verschärfung formulierte Planck 1911 den 3. Hauptsatz wie folgt.

<u>3. HAUPTSATZ (Plancksche Formulierung):</u> "FUER JEDEN STOFF STREBT DIE ENTROPIE IM LIMES $T\downarrow 0$ GEGEN EINE VON DRUCK, AGGREGATSZUSTAND UND CHEMISCHE ZUSAMMENSETZUNG UNABHAENGIGE KONSTANTE".

Diese Konstante kann man Null setzen und damit die Entropie absolut normieren.

Eine unmittelbare Folge davon ist, dass eine der beiden chemischen Konstanten fixiert ist ($\sum \nu_i b_i = 0$, in den Bezeichnungen auf S. 96). Es genügt deshalb, eine einzige Reaktionswärme $\Delta H(T_0,p_0)$ zu messen. Dies wurde durch Experimente schon von Nernst qualitativ bestätigt.

Der 3. Hauptsatz ist eine <u>Konsequenz der Quantenstatistik.</u> Er gilt aber <u>nicht ausnahmslos,</u> wie das folgende Beispiel zeigt.

Wenn ein System aus N Molekülen einen Grundzustand hat, dessen Entartungsgrad proportional zu A^N ist (A eine Konstante), so ist die Entropie nach der Quantenstatistik bei $T = 0$: $S(T=0) =$ $= kN \log A$, oder $R \log A$ pro Mol. Ein konkretes System dieser Art ist CH_3D . Ist der Grundzustand von CH_4 einfach, so ist derjenige von CH_3D 4^N-fach. Man kann nämlich in jedem CH_4-Tetraeder ein beliebiges H-Atom durch ein D-Atom ersetzen, wobei die Energie in allen

---

[*] Dies hat zur Folge, dass in den Potentialen F und G eine lineare Funktion $S_0 \cdot T + const$ unbestimmt bleibt, die z.B. in den chemischen Gleichgewichtsbedingungen eingeht (vgl. die Bemerkung 3 auf S. 96).

vier Fällen praktisch dieselbe ist. Dies führt auf eine Nullpunkts-
entropie von R log 4 = 2.75 Cal/Mol-K , was nahe beim experimentellen
Wert 2.77 Cal/Mol-K liegt.

Bei den Anwendungen des 3. Hauptsatzes muss man vorsichtig
sein, da sich für T↓0 das thermodynamische Gleichgewicht unter Um-
ständen sehr langsam einstellt (metastabile Gleichgewichte). Ein Beispiel ist Glycerin, wo die Entropie der unterkühlten flüssigen Phase
etwa 5-15 Cal/Grad-Mol grösser ist als die der kristallinen Phase.

Folgerungen aus dem 3. Hauptsatz

a) Verhalten der Ableitungen

Mathematisch ausgedrückt lautet der 3. Hauptsatz

$$\lim_{T \to 0} S(T,V) = 0 \ , \quad \lim_{T \to 0} S(T,p) = 0. \tag{7.1}$$

Deshalb gilt

$$s(T,p) = \int_0^T c_p(T') \frac{dT'}{T'} . \tag{7.2}$$

Damit der Limes von s(T,p) für T↓0 existiert, muss gelten

$$\lim_{T \downarrow 0} c_p(T) = 0. \tag{7.3}$$

Wegen $0 < c_v < c_p$ gilt auch

$$\lim_{T \downarrow 0} c_v(T) = 0. \tag{7.4}$$

Ferner streben auf Grund der Maxwell-Relationen (Tabelle I)

$$\left(\frac{\partial s}{\partial p}\right)_T = \left(\frac{\partial v}{\partial T}\right)_p \ , \quad \left(\frac{\partial s}{\partial v}\right)_T = \left(\frac{\partial p}{\partial T}\right)_v \tag{7.5}$$

und (7.1) auch die Ausdehnungs- und Spannungs-Koeffizienten gegen Null

$$\lim_{T \downarrow 0} \alpha = \lim_{T \downarrow 0} \beta = 0. \tag{7.6}$$

Da allgemein gilt (s.(1.10))

$$c_p - c_v = T\left(\frac{\partial p}{\partial T}\right)_v \left(\frac{\partial v}{\partial T}\right)_p \ ,$$

erhalten wir ausserdem

$$\lim_{T \downarrow 0} \frac{c_p - c_v}{T} = 0, \tag{7.7}$$

d.h. $c_p - c_v$ muss stärker als T gegen Null gehen.

b) Unerreichbarkeit des absoluten Nullpunktes

Für die Annäherung an den absoluten Nullpunkt kann man ausnutzen, dass die Entropie nicht nur eine Funktion der Temperatur ist, sondern noch von mindestens einem weiteren Parameter (z.B. p) abhängt [*]. Nach dem 3. Hauptsatz ergibt sich qualitativ das folgende S-T-Diagramm:

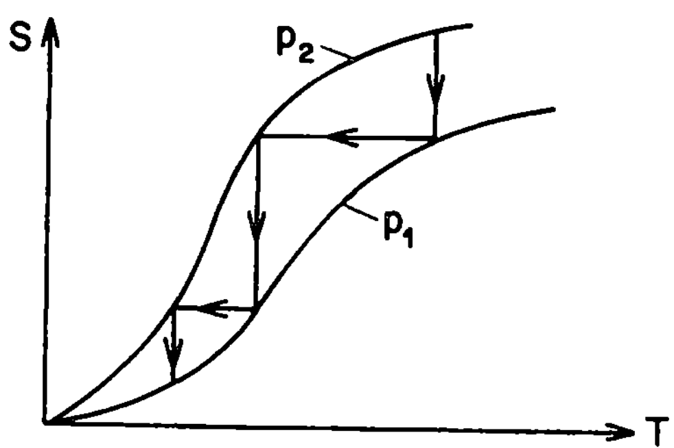

Fig. 7.1

An dieser Figur macht man sich leicht klar, dass T = 0 nicht in end- lich vielen Schritten erreichbar ist. Dabei ist natürlich wesentlich, dass alle Kurven p = const bei T = 0 zusammenlaufen. Es ist aber nicht nötig, dass der zugehörige Wert von S gleich Null ist.

Da der absolute Nullpunkt nur asymptotisch erreichbar ist, gibt es auch keinen Carnot-Prozess mit T = 0 als Kühlertemperatur und zugehörigem Wirkungsgrad η = 1 .

Experimentelle Ueberprüfung des 3. Hauptsatzes

Ein historisch wichtiges Beispiel für die Ueberprüfung des 3. Haupt- satzes war die Untersuchung an den beiden Modifikationen des Zinns.

Bekanntlich existiert elementares Zinn in Form eines normalen Metalles (weisses Zinn) und in Form eines grauen Pulvers (graues Zinn).

---

[*] In Abschnitt B werden wir eine praktisch wichtige Methode zur Er- reichung von tiefen Temperaturen besprechen, bei der dieser Para- meter ein äusseres Magnetfeld ist (adiabatische Entmagnetisierung).

Beide Phasen können bei einer Temperatur von 13.2°C nebeneinander existieren. Darunter ist die graue, darüber die weisse Form beständig.
Die Umwandlung ist allerdings stark gehemmt und geht erst mit merkli-
cher Geschwindigkeit vor sich, nachdem sich etwas graues Zinn gebildet
hat, das autokatalytisch wirksam ist (Zinnpest). Durch schnelle Unter-
kühlung ist es deshalb möglich, das weisse Zinn bis hinunter zu den
tiefsten Temperaturen als metastabile Modifikation zu erhalten und seine Molwärme zu messen.

Nun kann man die Entropiedifferenz zwischen beiden Modifikationen am Koexistenzpunkt auf zwei Weisen bestimmen. Einmal folgt aus
$g' = g''$ für die beiden Modifikationen

$$s' - s'' = (h' - h')/T.$$

Dabei beträgt die experimentell gemessene Umwandlungsenthalpie
$\Delta h = - 522.5$ cal.

Auf der anderen Seite folgt aus dem 3. Hauptsatz nach (7.2)

$$s' - s'' = \int_{0}^{T=286.2} (c_p' - c_p'') \frac{dT}{T}.$$

Innerhalb der Messgenauigkeit stimmen beide Entropiedifferenzen über-
ein.

8. Dielektrika und Magnetika

In diesem Abschnitt studieren wir die thermodynamischen Eigen-
schafen von dielektrischen und magnetischen Substanzen in Anwesenheit
von elektrischen und magnetischen Feldern.

Bei der Bestimmung der thermodynamischen Potentiale muss man
sorgfältig darauf achten, was zum System gezählt wird und was nicht.
Insbesondere kann man immer ein exaktes Differential eines Feldenergieanteils (z.B. in dU) abziehen, wenn dieser unabhängig vom thermodynamischen Zustand ist. Ferner ist darauf zu achten, welche Variablen
(Spannungen, Ströme, etc.) in der Versuchsanordnung primär kontrol-
liert werden.

Aus diesen Gründen werden in der Literatur verschiedene Ausdrücke für die reversible Arbeit und die verschiedenen thermodynamischen Potentiale verwendet. Da dies immer wieder beträchtliche Verwir-

rungen verursacht, werde ich das Folgende ziemlich ausführlich abhandeln.

Zunächst erinnere ich an den Energiesatz in der ED.

Die Felder $\underline{E}$ und $\underline{B}$ in makroskopischen Körpern sind räumliche Mittelwerte der mikroskopischen Felder, welche ihrerseits die Maxwellschen Gleichungen mit den mikroskopischen totalen Ladungen und Strömen (ϱ, j) erfüllen. Durch Mittelwertbildung erhalten wir aus diesen Gleichungen

$$\text{div}\,\underline{B} = 0 \quad , \qquad \text{rot}\,\underline{E} + \frac{1}{c}\,\dot{\underline{B}} = 0 \quad ,$$
$$\text{div}\,\underline{E} = 4\pi\langle\varrho\rangle \quad , \qquad \text{rot}\,\underline{B} - \frac{1}{c}\,\dot{\underline{E}} = \frac{4\pi}{c}\langle j\rangle \, . \tag{8.1}$$

Ueblicherweise zerlegt man $\langle\varrho\rangle$ in die Polarisationsladungsdichte $-\,\text{div}\,\underline{P}$ und die Ladungsdichte ϱ_ℓ der "freien" (von aussen spezifizierten) Leitungsladungen:

$$\langle\varrho\rangle = \varrho_\ell - \text{div}\,\underline{P}\, . \tag{8.2}$$

Analog ist

$$\langle j\rangle = \underline{J}_\ell + c\,\text{rot}\,\underline{M} + \dot{\underline{P}} \tag{8.3}$$

($\underline{J}_\ell$: Stromdichte der Leitungsladungen, $\underline{M}$: Magnetisierungsdichte).
Die Hilfsfelder $\underline{D}$ und $\underline{H}$ sind definiert durch

$$\underline{D} = \underline{E} + 4\pi\underline{P} \quad , \qquad \underline{H} = \underline{B} - 4\pi\underline{M}\, . \tag{8.4}$$

Mit diesen lassen sich die makroskopischen Maxwell-Gleichungen (8.1) in der üblichen Form schreiben

$$\text{div}\,\underline{B} = 0 \quad , \qquad \text{rot}\,\underline{E} + \frac{1}{c}\,\dot{\underline{B}} = 0$$
$$\text{div}\,\underline{D} = 4\pi\varrho_\ell \, , \qquad \text{rot}\,\underline{H} = \frac{4\pi}{c}\,\underline{J}_\ell + \frac{1}{c}\,\dot{\underline{D}}\, . \tag{8.5}$$

Als mathematische Konsequenz erhält man daraus

$$\frac{1}{4\pi}\left(\underline{E}\cdot\dot{\underline{D}} + \underline{H}\cdot\dot{\underline{B}}\right) + \text{div}\left(\frac{c}{4\pi}\,\underline{E}\wedge\underline{H}\right) = -\underline{J}_\ell\,\underline{E}\, . \tag{8.6}$$

Die Interpretation dieser Gleichung ist die folgende. Ein gegebenes System (z.B. ein Dielektrikum zwischen Kondensatorplatten) sei in einem Gebiet G (∂G befinde sich im materiellen Vakuum). Durch Integration von (8.6) über G erhalten wir

$$-\delta t\,\frac{c}{4\pi}\int_{\partial G}(\underline{E}\wedge\underline{H})\cdot d\underline{S} = \int_G\left[\frac{1}{4\pi}\underline{E}\cdot\delta\underline{D} + \frac{1}{4\pi}\underline{H}\cdot\delta\underline{B} + \underline{J}_\ell\,\underline{E}\,\delta t\right]dV. \tag{8.7}$$

Die linke Seite gibt die Energie an, welche in der kleinen Zeit δt in das System fliesst. Diese teilt sich auf in die Arbeit, welche das $\underline{E}$-Feld an der Stromdichte $\underline{J}_\ell$ in der Zeit δt leistet und die Arbeit δA , die für die Aenderungen $\delta\underline{D}$ und $\delta\underline{B}$ von $\underline{D}$ und $\underline{B}$

benötigt wird. Letzere ist nach (8.7)

$$\delta A = \int \frac{1}{4\pi} [\underline{E} \cdot \delta \underline{D} + \underline{H} \cdot \delta \underline{B}] dV. \tag{8.8}$$

8.1 Reversible Arbeit für die Polarisierung und Magnetisierung

A. Dielektrika

Wir betrachten jetzt speziell ein ungeladenes Dielektrikum in einem elektrischen Feld, welches etwa durch die Ladungen Q_1 , Q_2 auf den Leitern L_1 , L_2 eines Kondensators erzeugt wird (vgl. Fig. 8.1)

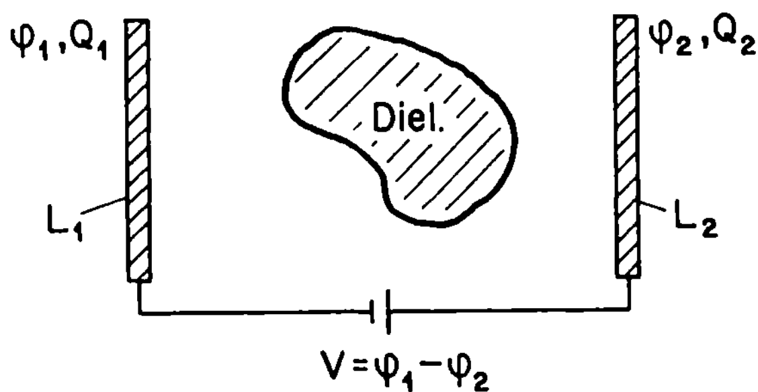

Fig. 8.1

Ausserhalb der Leiter gilt

$$\mathrm{rot}\,\underline{E} = 0 \;, \quad \mathrm{div}\,\underline{D} = 0 \;, \tag{8.9}$$

$$\underline{D} = \underline{E} + 4\pi\underline{P} \;, \quad \underline{P} = \underline{P}(\underline{E},T) : \quad \text{Zustandsgleichung} \;,$$

Dabei stellen wir uns vor, dass das Dielektrikum durch Kontakt mit einem Wärmereservoir auf konstanter Temperatur T gehalten wird.

Die Annahme einer Zustandsgleichung schliesst ferroelektrische Systeme mit Hysterese aus.

Bei gegebenen Potentialen <u>oder</u> Ladungen auf den Leitern und der Randbedingung $\varphi(\underline{x}) \longrightarrow 0$ für $|\underline{x}| \longrightarrow \infty$ ($\underline{E} = -$ grad φ) sind die Felder durch (8.9) eindeutig bestimmt.

Wir bestätigen zunächst den ersten Term in (8.8), indem wir die Arbeit berechnen, die nötig ist, um zusätzliche infinitesimale

Ladungen δQ_i aus dem Unendlichen auf die Leiter L_i zu bringen. Primär ist diese Arbeit $\delta A = \sum \varphi_i \delta Q_i$. Nun ist aber

$$Q_i = -\frac{1}{4\pi} \int_{\partial L_i} \underline{D} \cdot d\underline{\sigma} \, ,$$

wobei $d\underline{\sigma}$ ins Innere der Leiter zeigt. Damit ist (da φ_i auf L_i konstant ist)

$$\delta A = -\frac{1}{4\pi} \sum_i \int_{\partial L_i} \varphi \, \delta \underline{D} \cdot d\underline{\sigma} = -\frac{1}{4\pi} \int_{\mathbb{R}^3 \setminus \bigcup_i L_i} \mathrm{div}(\varphi \, \delta \underline{D}) \, dV \, .$$

Ausserhalb der Leiter ist aber

$$\mathrm{div}(\varphi \, \delta \underline{D}) = \varphi \underbrace{\mathrm{div} \, \delta \underline{D}}_{0} + \delta \underline{D} \cdot \underbrace{\mathrm{grad} \, \varphi}_{-\underline{E}} \, .$$

Wir erhalten also, wie erwartet,

$$\delta A = \frac{1}{4\pi} \int_{CL} \underline{E} \cdot \delta \underline{D} \, dV \tag{8.10}$$

(CL: Komplement der Leiter). Man beachte, dass sich das Integral über das _ganze_ Gebiet ausserhalb der Leiter erstreckt.

Für thermodynamische Betrachtungen ist es günstig, davon die Variation eines Feldenergieanteils abzuziehen, welcher _unabhängig_ vom thermodynamischen Zustand des Dielektrikums ist. Je nach dem, ob von aussen die Ladungen Q_i oder die Potentiale φ_i gegeben sind, wird diese Variation verschieden ausfallen.

a) Vorgegebene Ladungen

In diesem Fall interessiert uns

$$\delta A_L = \delta A - \delta \int_{CL} \frac{1}{8\pi} \underline{E}_L^2 \, dV \, , \tag{8.11}$$

wobei $\underline{E}_L$ das elektrische Feld in Abwesenheit des Dielektrikums bei _gleichen Ladungen_ auf den Leitern ist. Wir zeigen unten, dass

$$\delta A_L = - \int_{\text{Dielektrikum}} \underline{P} \cdot \delta \underline{E}_L \, dV \, . \tag{8.12}$$

b) Vorgegebene Potentialverteilung (Spannung)

Für diesen Fall wird man die Grösse

$$\delta A_p = \delta A - \delta \int_{CL} \frac{1}{8\pi} E_p^2 \, dV \tag{8.13}$$

bilden, wo E_p wieder das elektrische Feld ohne Dielektrikum ist, diesmal aber bei __gleicher Potentialverteilung__ auf den Leitern.
Es wird sich zeigen, dass

$$\delta A_p = \int_{Diel.} E_p \cdot \delta \underline{P} \, dV . \tag{8.14}$$

Der Unterschied von (8.12) und (8.14) rührt davon her, dass die Beziehung zwischen Q_i und φ_i mit und ohne Dielektrikum verschieden ist.

Falls die Felder __homogen__ über das Dielektrikum sind, lauten demnach die Differentialformen für die reversible Arbeit:

$$\alpha_L = - \underline{P}_{tot} \cdot d\underline{E}_L \, , \tag{8.15}$$

bzw.

$$\alpha_p = \underline{E}_p \cdot d\underline{P}_{tot} . \tag{8.16}$$

Herleitung von (8.12) und (8.14):

In Gl.(8.11), d.h.

$$\delta A_L = \frac{1}{4\pi} \int_{CL} [\underline{E} \cdot \delta \underline{D} - \underline{E}_L \cdot \delta \underline{E}_L] \, dV , \tag{8.17}$$

zerlegen wir den Integranden wie folgt

$$[\cdots] = \underline{E} \cdot (\delta \underline{D} - \delta \underline{E}_L) + (\underline{E} - \underline{D}) \cdot \delta \underline{E}_L + (\underline{D} - \underline{E}_L) \cdot \delta \underline{E}_L . \tag{8.18}$$

Der letzte Term rechts liefert im Integral den Beitrag $(\underline{E}_L = -\text{grad } \varphi_L)$:

$$\int_{CL} (\underline{D} - \underline{E}_L) \cdot \delta \underline{E}_L = - \int_{CL} \delta \varphi_L \, div(\underline{D} - \underline{E}_L) dV + \sum_i \delta \varphi_{L_i} \cdot$$
$$\cdot \int_{\partial L_i} (\underline{D} - \underline{E}_L) \cdot d\underline{\sigma} . \tag{8.19}$$

Rechts verschwindet der erste Term wegen div $\underline{D}$ = div $\underline{E}_L$ = 0 (ausserhalb der Leiter) und der zweite Term ist ebenfalls gleich Null wegen der Gleichheit der Ladungen für $\underline{D}$ und $\underline{E}_L$ auf den Leitern :

$$\int_{\partial L_i} \underline{D} \cdot d\underline{\sigma} = \int_{\partial L_i} \underline{E}_L \cdot d\underline{\sigma} = -4\pi Q_i . \tag{8.20}$$

Entsprechend sieht man, dass auch das erste Glied von (8.18) in (8.17) keinen Beitrag liefert. (Man hat dazu $\underline{E}$ = - grad φ einzusetzen und dieselben Transformationen durchzuführen.) Endgültig erhalten wir

$$\delta A_L = \frac{1}{4\pi} \int_{CL} (\underbrace{\underline{E} - \underline{D}}_{-4\pi\underline{P}}) \cdot \delta\underline{E}_L \, dV = - \int_{Diel.} \underline{P} \cdot \delta\underline{E}_L \, dV ,$$

wie behauptet.

Analog leiten wir (8.14) ab. Anstelle von (8.18) lautet der Integrand

$$\underline{E} \cdot \delta\underline{D} - \underline{E}_p \cdot \delta\underline{E}_p = (\underline{E} - \underline{E}_p) \cdot \delta\underline{D} + \underline{E}_p \cdot (\delta\underline{D} - \delta\underline{E}) + \underline{E}_p \cdot (\delta\underline{E} - \delta\underline{E}_p).$$

$$(8.21)$$

Mit analogen Umformungen wie in (8.19) sieht man wieder, dass der erste und der dritte Term in (8.21) keinen Beitrag geben. (Dabei benutzt man neben div $\underline{E}_p$ = div $\delta\underline{D}$ = 0 , dass $\underline{E}$ und $\underline{E}_p$, bzw. $\delta\underline{E}$ und $\delta\underline{E}_p$ auf den Leitern gleiche Potentiale haben.) Es bleibt der 2. Term in (8.21), welcher offensichtlich zum Ausdruck (8.14) führt.

B. Magnetika

Nun betrachten wir eine magnetische Substanz in einem Magnetfeld, welches zum Beispiel durch eine Spule erzeugt wird, für welche wir den Gleichstromwiderstand vernachlässigen (supraleitende Spule).

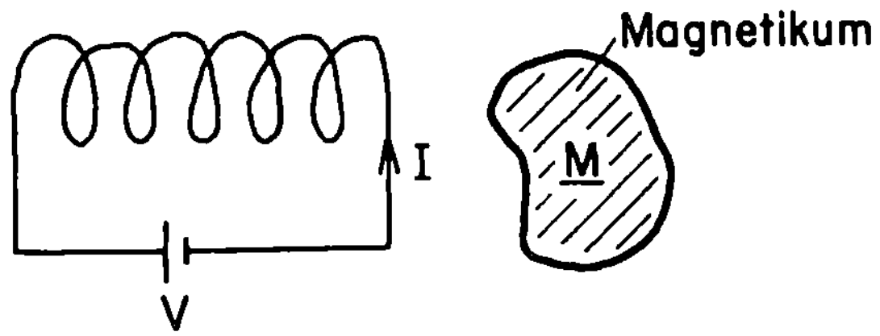

<u>Fig. 8.2</u>

Man beachte, dass sich in der Energiegleichung nicht $\underline{E}$ und $\underline{B}$, bzw. $\underline{D}$ und $\underline{H}$, sondern $\underline{E}$ und $\underline{H}$, bzw. $\underline{D}$ und $\underline{B}$ entsprechen. Die verschiedenen Ausdrücke für die Arbeit werden deshalb für Magnetika aus jenen für Dielektrika durch die Substitution $\underline{E} \longrightarrow \underline{H}$, $\underline{D} \longrightarrow \underline{B}$ hervorgehen.

Zunächst bestätigen wir den zweiten Term in (8.8). Im Zeitintervall δt leistet das $\underline{E}$-Feld an den Leitungsströmen $\underline{J}$ die Arbeit $\delta t \int \underline{J} \cdot \underline{E} \, dV$. Mit umgekehrten Vorzeichen versehen ist dies die Arbeit

δA , die von einer äusseren Spannunsquelle (Arbeitsreservoir) geleistet
werden muss, um den Strom aufrechtzuerhalten. In quasistatischer Näherung dürfen wir den Verschiebungsstrom vernachlässigen. Deshalb kön-
nen wir $\underline{J}$ durch $\frac{c}{4\pi}$ rot $\underline{H}$ ersetzen und erhalten mit einer partiellen Integration

$$\delta A = -\delta t\, \frac{c}{4\pi} \int \underline{E}\cdot\mathrm{rot}\,\underline{H}\,dV = \delta t\, \frac{c}{4\pi} \int \mathrm{div}(\underline{E}\wedge\underline{H})\,dV$$

$$-\,\delta t\, \frac{c}{4\pi} \int \underline{H}\cdot\mathrm{rot}\,\underline{E}\,dV.$$

In quasistatischer Näherung bit es keine Abstrahlung und deshalb verschwindet der erste Term rechts (das Integral lässt sich in ein Ober-
flächenintegral über eine unendlich entfernte Fläche überführen). Im
zweiten Term benutzen wir das Induktionsgesetz und erhalten (mit
$\delta\underline{B} = \underline{\dot{B}}\delta t$)

$$\delta A = \frac{1}{4\pi} \int \underline{H}\cdot\delta\underline{B}\,dV,$$
$$(8.22)$$

in Uebereinstimmung mit (8.8).

Es ist noch instruktiv, $\underline{B} = \mathrm{rot}\,\underline{A}$ zu benutzen und den resul-
tierenden Ausdruck (nach partieller Integration)

$$\delta A = \frac{1}{c} \int \underline{J}\cdot\delta\underline{A}\,dV$$
$$(8.23)$$

mit

$$\delta A = \int \varphi\,\delta\rho\,dV$$
$$(8.24)$$

der Elektrostatik zu vergleichen. Die Korrespondenz ist hier

$$\underline{A} \longleftrightarrow \rho \quad , \quad \underline{J}/c \longleftrightarrow \varphi.$$

Nun wird man von (8.22) wieder die Variation der Feldenergie
ohne Magnetikum abziehen. Wir betrachten den Fall, dass der Strom der
Spule in Fig. 8.2 mit und ohne Magnetikum der Gleiche ist [*]. Nach der
eben festgestellten Korrespondenz entspricht dies Fall b) für Dielektrika. Wir erwarten deshalb für

$$\delta A_J = \delta A - \delta \int \frac{1}{8\pi} \underline{B}_J^2\,dV,$$
$$(8.25)$$

wenn $\underline{B}_J = \underline{H}_J$ das Feld ohne Magnetikum bezeichnet, nach (8.14) den
Ausdruck

---

[*] Stattdessen könnte man auch das äussere Feld eines Permanentmagne-
ten ausserhalb der Probe festhalten. (Führe die entsprechenden
Ueberlegungen für diesen Fall durch.)

$$\delta A_J = \int\limits_{\text{Magnetikum}} \underline{B}_J \cdot \delta \underline{M}\, dV. \tag{8.26}$$

Dass dies richtig ist, sieht man über die Aufspaltung

$$\underline{H} \cdot \delta \underline{B} - \underline{B}_J \cdot \delta \underline{B}_J = (\underline{H} - \underline{B}_J) \cdot \delta \underline{B} + \underline{B}_J \cdot (\delta \underline{B} - \delta \underline{H}) + \underline{B}_J \cdot (\delta \underline{H} - \delta \underline{B}_J)$$

unter Benutzung von $\delta \underline{B} = \text{rot}\, \delta \underline{A}$, $\underline{B}_J = \text{rot}\, \underline{A}_J$, $\text{rot}\, \underline{H} = \text{rot}\, \underline{B}_J = \frac{4\pi}{c} J$.

Bei homogenem Spulenfeld über das Magnetikum ist demnach die Differentialform der reversiblen Arbeit (V: Volumen des Magnetikums)

$$\alpha_{mag} = V\, \underline{B}_J \cdot d\underline{M} . \tag{8.27}$$

Im allgemeinen können für Dielektrika und Magnetika noch mechanische Spannungen auftreten. Wir berücksichtigen in der reversiblen Arbeit nur Druckterme $- p dV$.

8.2 Thermodynamische Potentiale für Dielektrika und Magnetika

Wir betrachten im folgenden nur Situationen, in denen die Felder über die Probe <u>homogen</u> sind.

<u>Notationen.</u>   P: Komponente des totalen Dipolmomentes in Richtung des äusseren Feldes $\underline{E}_p$, welches wir mit $\mathcal{E}$ bezeichnen;

$\mathcal{E}$: Betrag des äusseren Feldes $\underline{E}_p$.

M: Komponente des gesamten magnetischen Momentes in Richtung des äusseren Feldes $\underline{B}_J = \underline{H}_J$, welches wir mit $\mathcal{H}$ bezeichnen;

$\mathcal{H}$: Betrag des äusseren Feldes $\underline{B}_J$.

Wir schreiben im folgenden alle Formeln nur für Magnetika. Durch die Substitution

$$\begin{aligned} M &\longrightarrow P \\ \mathcal{H} &\longrightarrow \mathcal{E} \end{aligned} \tag{8.28}$$

erhalten wir aus diesen die entsprechenden Ausdrücke für Dielektrika. Die reversible Arbeit ist nach (8.27)

$$\alpha = -p\, dV + \mathcal{H}\, dM . \tag{8.29}$$

(Für Mischungen würde man noch $\sum_i \mu_i dN_i$ beifügen.)
Für die innere Energie $U(S,V,M)$ gilt damit

$$dU = TdS - pdV + \mathcal{H}dM.$$

(8.30)

Man vergesse nicht, dass $\mathcal{H}$ das __äussere__ Feld ist, welches im allgemeinen vom makroskopischen Feld innerhalb des Magnetikums verschieden ist.
Die Analogie mit einem einfach Fluid lautet

$$\mu \longleftrightarrow \mathcal{H} ,$$
$$N \longleftrightarrow M .$$

(8.31)

Deshalb kann man alles, was in den Abschnitten II.7 und III.1 ausgeführt wurde, sofort auf Magnetika übertragen. Dies gilt insbesondere für die Tabelle I auf S. 44.

Häufig darf man für magnetische Substanzen (speziell für paramagnetische Substanzen) den Druckterm $-pdV$ in (8.29) und damit in (8.30) weglassen. Dann ist für $U(S,M)$

$$dU = TdS + \mathcal{H}dM$$

(8.32)

und die Analogie mit einem einfachen Fluid (für festes N) ist [*]

$$-p \longleftrightarrow \mathcal{H} ,$$
$$V \longleftrightarrow M .$$

(8.33)

Aus (III.1.12,12') erhalten wir für die __spezifischen Wärmen__ durch die Substitution (8.33):

$$\left(\frac{\partial C_M}{\partial M}\right)_T = -T\left(\frac{\partial^2 \mathcal{H}}{\partial T^2}\right)_M ,$$

(8.34)

$$\left(\frac{\partial C_{\mathcal{H}}}{\partial \mathcal{H}}\right)_T = -T\left(\frac{\partial^2 M}{\partial T^2}\right)_{\mathcal{H}} = \mathcal{H}T\left(\frac{\partial^2 \alpha}{\partial T^2}\right)_{\mathcal{H}} ,$$

(8.35)

wo $\alpha(\mathcal{H},T) = M/\mathcal{H}$ die __Suszeptibilität__ des Körpers ist.
(Diese ist verschieden von $\chi = M/H$, H = makroskopisches Feld in der Probe.)

---

[*] Durch eine Legendre-Transformation kann man natürlich auch zu einem Potential übergehen, bei dem $\mathcal{H}$ eine unabhängige Variable ist. Der Enthalpie $H = U+pV$ entspricht hier $H = U-\mathcal{H}M$ mit

$$dH = TdS - Md\mathcal{H} .$$

Die Wahl der unabhängigen Variablen hängt vom jeweiligen Problem ab.

Aus (III.I.8) erhalten wir

$$c_{\mathcal{H}} - c_M = T \left(\frac{\partial M}{\partial T}\right)^2_{\mathcal{H}} \Big/ \left(\frac{\partial M}{\partial \mathcal{H}}\right)_T .$$

(8.36)

Wir definieren die __isotherme Suszeptibilität__ durch

$$\alpha'_T = \left(\frac{\partial M}{\partial \mathcal{H}}\right)_T .$$

(8.37)

Dann lautet (8.36)

$$c_{\mathcal{H}} - c_M = \frac{T\mathcal{H}^2}{\alpha'_T} \left(\frac{\partial \alpha}{\partial T}\right)_{\mathcal{H}} .$$

(8.38)

Daraus entnimmt man zunächst $c_{\mathcal{H}} = c_M$ für $\mathcal{H} = 0$. Da für eine paramagnetische Substanz $\alpha'_T > 0$ ist, folgt ferner $c_{\mathcal{H}} \geqslant c_M$, während für eine diamagnetische Substanz $c_{\mathcal{H}} \leqslant c_M$ gilt.

Wir definieren auch die __adiabatische Suszeptibilität:__

$$\alpha'_S = \left(\frac{\partial M}{\partial \mathcal{H}}\right)_S .$$

(8.39)

Mit Hilfe von (III.I.5) finden wir

$$\frac{\alpha'_T}{\alpha'_S} = \frac{\left(\frac{\partial M}{\partial \mathcal{H}}\right)_T}{\left(\frac{\partial M}{\partial \mathcal{H}}\right)_S} = \frac{\left(\frac{\partial M}{\partial T}\right)_{\mathcal{H}} \left(\frac{\partial T}{\partial \mathcal{H}}\right)_M}{\left(\frac{\partial M}{\partial S}\right)_{\mathcal{H}} \left(\frac{\partial S}{\partial \mathcal{H}}\right)_M} = \frac{\left(\frac{\partial S}{\partial T}\right)_{\mathcal{H}}}{\left(\frac{\partial S}{\partial T}\right)_M} ,$$

d.h.

$$\frac{\alpha'_T}{\alpha'_S} = \frac{c_{\mathcal{H}}}{c_M} .$$

(8.40)

Für $\mathcal{H} = 0$ ist nach dem Gesagten $\alpha'_T = \alpha'_S$.

8.3 Adiabatische Entmagnetisierung

Wenn ein Körper adiabatisch magnetisiert wird, ändert sich seine Temperatur. Dies sieht man z.B. aus

$$\left(\frac{\partial T}{\partial \mathcal{H}}\right)_S \underset{\substack{\uparrow \\ \text{Maxwell-Rel.}}}{=} -\left(\frac{\partial M}{\partial S}\right)_{\mathcal{H}} = -\left(\frac{\partial M}{\partial T}\right)_{\mathcal{H}} \left(\frac{\partial T}{\partial S}\right)_{\mathcal{H}} = -\frac{\mathcal{H}T}{c_{\mathcal{H}}} \left(\frac{\partial \alpha}{\partial T}\right)_{\mathcal{H}} .$$

(8.41)

Analog gilt auch

$$\left(\frac{\partial T}{\partial H}\right)_S = -\frac{\mathcal{H}T}{\alpha c_M} \left(\frac{\partial \alpha}{\partial T}\right)_M .$$

(8.42)

Wenn α temperaturabhängig ist, ändert sich nach diesen Gleichungen bei adiabatischer Magnetisierung die Temperatur. Dies ist der __magnetokalorische Effekt__ (Debye, 1926). Er ist sehr klein bei Zimmertemperatur, kann aber bei tiefen Temperaturen gross werden. Damit ist es möglich, Temperaturen unter $1^{\circ}K$ zu erreichen.

Wir schätzen die Grösse des Effektes ab, indem wir ein <u>Curie-Gesetz</u> für alle Temperaturen annehmen und den Unterschied von χ und α (siehe oben) vernachlässigen.

Es sei also

$$M = a\frac{\mathcal{H}}{T}, \qquad a = const. \tag{8.43}$$

Dann lautet (8.35)

$$\left(\frac{\partial C_{\mathcal{H}}}{\partial \mathcal{H}}\right)_T = 2a\,\mathcal{H}/T^2,$$

d.h. es gilt

$$C_{\mathcal{H}}(T,\mathcal{H}) = C(T,0) + \frac{a\mathcal{H}^2}{T^2}. \tag{8.44}$$

Dies benutzen wir in (8.41)

$$\left(\frac{\partial T}{\partial \mathcal{H}}\right)_S = \frac{a\mathcal{H}}{T}\;\frac{1}{C(T,0)+a\,\mathcal{H}^2/T^2}. \tag{8.45}$$

Wir nehmen noch an, dass in einem gewissen T-Bereich ein empirisches Gesetz der Form

$$C(T,0) = A/T^2 \tag{8.46}$$

gelte. Dann ist bei einer adiabatischen Aenderung

$$\frac{dT}{T} = \frac{\mathcal{H}\,d\mathcal{H}}{A+a\mathcal{H}^2},$$

oder

$$2\ln\frac{T_2}{T_1} = \ln\frac{A+a\,\mathcal{H}_2^2}{A+a\,\mathcal{H}_1^2},$$

d.h.

$$\frac{T_2}{T_1} = \left(\frac{A+a\,\mathcal{H}_2^2}{A+a\,\mathcal{H}_1^2}\right)^{1/2}. \tag{8.47}$$

Ein numerisches Beispiel dafür werden wir in den Uebungen besprechen.

Aus der Maxwell-Beziehung $\left(\frac{\partial S}{\partial \mathcal{H}}\right)_T = \left(\frac{\partial M}{\partial T}\right)$ folgt

$$dS = \left(\frac{\partial S}{\partial T}\right)_{\mathcal{H}} dT + \left(\frac{\partial S}{\partial \mathcal{H}}\right)_T d\mathcal{H}$$

$$= \frac{1}{T}C_{\mathcal{H}}\,dT + \left(\frac{\partial M}{\partial T}\right)_{\mathcal{H}} d\mathcal{H}. \tag{8.48}$$

Für paramagnetische Substanzen ist $\left(\frac{\partial M}{\partial T}\right) < 0$. Für die Isothermen gilt

$$dS = \left(\frac{\partial M}{\partial T}\right)_{\mathcal{H}} d\mathcal{H}.$$

(8.49)

Mit einem Curie-Gesetz (8.43) ist $dS = -\frac{a}{T^2}\mathcal{H}\,d\mathcal{H}$, d.h.

$$S_2 - S_1 = -a\,\frac{\mathcal{H}_2^2 - \mathcal{H}_1^2}{2T_1^2}.$$

(8.50)

Isotherme und adiabatische Wege sehen in der (T,S)- Ebene qualitativ wie in Fig. 8.3 aus. Mit dem 3. Hauptsatz sieht man in diesem Beispiel

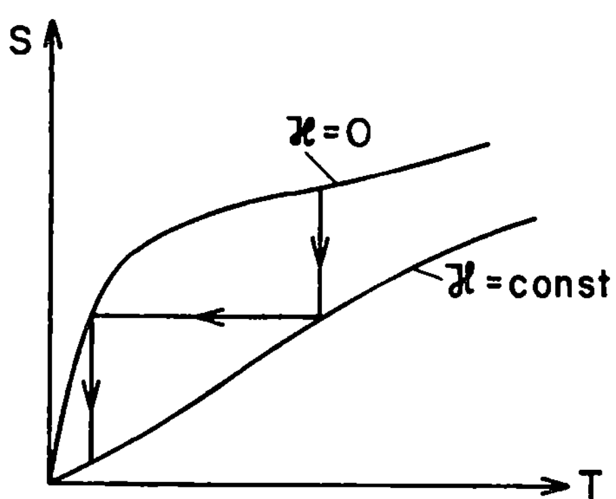

<u>Fig. 8.3</u> Adiabatische Entmagnetisierung.

wieder sehr schön die Unerreichbarkeit des absoluten Nullpunktes.

Für magnetische Kühlungsapparaturen verweise ich auf die Literatur (z.B. M.W. Zemansky).

8.4 Thermodynamik von Supraleitern (vom Typ I)

Bei tiefen Temperaturen zeigen viele Metalle einen Uebergang
aus einem normalen Zustand mit endlicher elektrischer Leitfähigkeit in
einen supraleitenden Zustand mit unendlich grosser Leitfähigkeit. In
Blei beispielsweise, ist der supraleitende Zustand unter 7.19 K , der
normale Zustand darüber stabil. In einem Experiment wurde für einen
Strom in einem supraleitenden Ring eine Lebensdauer von nicht weniger
als 10^5 Jahren abgeschätzt. Die heute bekannten Sprungtemperaturen liegen im Bereich zwischen $T_c = 0.012$ K für Wolfram und $T_c = 23.2$ K
für Nb_3Ge .

Durch ein genügend starkes äusseres Magnetfeld $\mathcal{H} > H_c(T)$ wird
die Supraleitung wieder zerstört. Die mindestens erforderliche kritische oder Schwellenfeldstärke $H_c(T)$ wächst von $H_c(T_c) = 0$ bei
$T = T_c$ bis zu einem maximalen Wert $H_c(0) = H_c^{max}$ bei $T = 0$ (vgl.
Fig. 8.4).

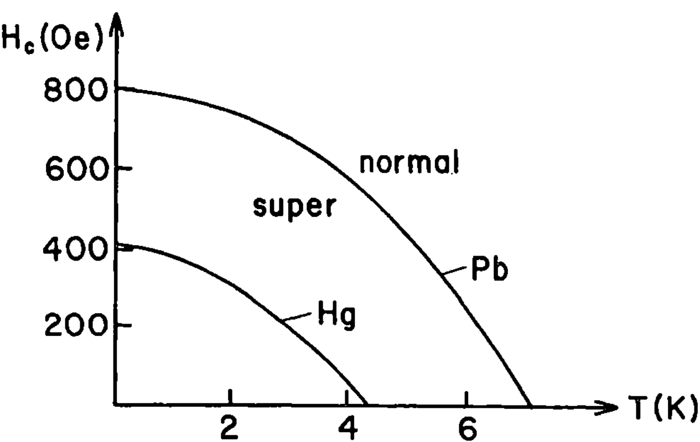

Fig. 8.4 Kritische Feldstärke H_c als Funktion der Temperatur.

Meissner und Ochsenfeld haben 1933 experimentell gefunden, dass ein homogener Supraleiter nicht nur ein idealer Leiter, sondern auch ein
idealer Diamagnet ist. Sie stellten fest, dass im Innern einer dem homogenen äusseren Feld $\mathcal{H}$ ausgesetzten supraleitenden ellipsoidförmi-
gen Probe (mit einer Achse parallel zu $\mathcal{H}$ orientiert), die homogene
magnetische Flussdichte $\underline{B} = 0$ herrscht, solange $\mathcal{H}$ eine kritische
Grösse nicht überschreitet. Die Magnetisierungsdichte $\underline{M}$ ist also
$\underline{M} = -\frac{1}{4\pi}\underline{H}$,wobei $\underline{H}$ das (makroskopische) <u>innere</u> Feld ist.

Im Folgenden nehmen wir der Einfachheit halber an, die Probe sei eine lange Nadel, deren Achse parallel zum angelegten Feld ist. Dann gilt aus Stetigkeitsgründen $\underline{H} = \underline{\mathcal{H}}$ und somit

$$\underline{M} = -\frac{1}{4\pi}\,\underline{\mathcal{H}} \qquad \text{(lange Nadel)} , \qquad (8.51)$$

d.h. $\chi_s = -\frac{1}{4\pi}$. (Für jedes Ellipsoid erhält man ebenfalls ein homogenes Innenfeld $\underline{H}$, welches aber verschieden von $\underline{\mathcal{H}}$ ist.)

Für die thermodynamische Beschreibung berechnen wir das Gibbssche Potential **pro Masseneinheit**

$$g(T,p,\mathcal{H}) = u - Ts + p\upsilon - \mathcal{H}m . \qquad (8.52)$$

Wegen

$$du = Tds - p\,d\upsilon + \mathcal{H}\,dm \qquad (8.53)$$

ist

$$dg = -s\,dT + \upsilon\,dp - m\,d\mathcal{H} , \qquad (8.54)$$

d.h.

$$\left(\frac{\partial g}{\partial T}\right)_{p,\mathcal{H}} = -s , \quad \left(\frac{\partial g}{\partial p}\right)_{T,\mathcal{H}} = \upsilon , \quad \left(\frac{\partial g}{\partial \mathcal{H}}\right)_{T,p} = -m . \qquad (8.55)$$

Ferner ist nach (8.51) für die supraleitende Phase

$$m_s = -\upsilon_s\,\mathcal{H}/4\pi . \qquad (8.56)$$

Im Normalzustand (n) vernachlässigen wir den Unterschied von $\underline{B}$ und $\underline{H}$. In dieser Näherung ist

$$m_n = 0 \qquad (8.57)$$

und folglich nach (8.55)

$$g_n(T,p,\mathcal{H}) = g_n(T,p,0) . \qquad (8.58)$$

Für die supraleitende Phase (s) gilt nach (8.56) und (8.54)

$$dg_s = -s_s\,dT + \upsilon_s\,dp + \upsilon_s\,\frac{1}{8\pi}\,d(\mathcal{H}^2) . \qquad (8.59)$$

Beachte, dass s_s und v_s Funktionen von $(T,p,\mathcal{H})$ sind. Auf der Koexistenzfläche im $(T,p,\mathcal{H})$ - Raum gilt wie immer (vgl. § III.4):

$$g_s(T,p,\mathcal{H}_c) = g_n(T,p,\mathcal{H}_c) . \qquad (8.60)$$

Auf dieser Fläche gilt deshalb $dg_s = dg_n$, d.h. mit (8.55)

$$-(s_s - s_n)\,dT + (\upsilon_s - \upsilon_n)\,dp - (m_s - m_n)\,d\mathcal{H}_c = 0 . \qquad (8.61)$$

Wird der Druck festgehalten, so folgt daraus mit Hilfe von (8.56), (8.57):

$$\left(\frac{\partial \mathcal{H}_c}{\partial p}\right)_T = -\frac{s_s - s_n}{w_s - w_n} = \frac{4\pi}{v_s \mathcal{H}_c}\left(s_s - s_n\right).$$

(8.62)

Bei konstanter Temperatur ist hingegen

$$\left(\frac{\partial \mathcal{H}_c}{\partial p}\right)_T = -\frac{4\pi}{v_s \mathcal{H}_c}\left(v_s - v_n\right).$$

(8.63)

Schliesslich halten wir noch das kritische Feld $\mathcal{H}_c$ fest. Dann ergibt sich die Clausius-Clapeyron-Gleichung

$$\left(\frac{\partial p}{\partial T}\right)_{\mathcal{H}_c} = \frac{s_s - s_n}{v_s - v_n}.$$

(8.64)

Für die Grössen s_n, s_s, v_n, v_s müssen natürlich die Werte auf der Uebergangsfläche eingesetzt werden. Ihre Abhängigkeit vom Magnetfeld ist aber sehr schwach. Dies sieht man aus der Maxwell-Beziehung $(\partial s/\partial \mathcal{H})_{T,p} = (\partial m/\partial T)_{\mathcal{H},p}$, unter Berücksichtigung von (8.57) und (8.56):

$$\left(\frac{\partial s}{\partial \mathcal{H}}\right)_{T,p} = \begin{cases} 0 & \text{für } (n) \\ -\dfrac{\mathcal{H}}{4\pi}\left(\dfrac{\partial v_s}{\partial T}\right)_{\mathcal{H},p} & \text{für } (s) \end{cases}.$$

Die Temperaturabhängigkeit von v_s ist aber schwach. Aus (8.54) folgt $(\partial v/\partial \mathcal{H})_{T,p} = -(\partial m/\partial p)_{T,\mathcal{H}}$ und also

$$\left(\frac{\partial v}{\partial \mathcal{H}}\right)_{T,p} = \begin{cases} 0 & \text{für } (n) \\ \dfrac{\mathcal{H}}{4\pi}\left(\dfrac{\partial v_s}{\partial p}\right)_{T,\mathcal{H}} & \text{für } (s). \end{cases}$$

Da v_s nur schwach vom Druck abhängt, ist auch die Feldabhängigkeit von v_s geringfügig.

Nach (8.62) ist die Uebergangswärme

$$L := T(s_n - s_s) = -\frac{v_s T}{4\pi}\mathcal{H}_c\left(\frac{\partial \mathcal{H}_c}{\partial T}\right)_p.$$

(8.65)

Anhand der Fig. 8.4 sieht man, dass $\left(\frac{\partial \mathcal{H}_c}{\partial T}\right)_p \leq 0$ ist, d.h. es gilt $s_n \geq s_s$. Nach (8.65) verschwindet L für $T = 0$ (dritter Hauptsatz!), wo $\left(\frac{\partial \mathcal{H}_c}{\partial T}\right)_p = 0$ ist, sowie für T_c, wo das kritische Feld verschwindet.

Von jetzt an werde ich Druckeffekte vernachlässigen und auch die kleinen Volumenänderungen beim $n \longleftrightarrow s$ Uebergang nicht berücksichtigen. Volumen und Druck werden also als <u>konstant</u> vorausgesetzt. (Für Druckeffekte verweise ich auf die Literatur.)

Für die spezifischen Wärmen folgt aus (8.65)

$$C_s - C_n = v\frac{T}{4\pi}\left[\left(\frac{d\mathcal{H}_c}{dT}\right)^2 + \mathcal{H}_c\frac{d^2\mathcal{H}_c}{dT^2}\right]. \qquad (8.66)$$

Bei T_c erhalten wir den folgenden <u>Sprung</u> der spezifischen Wärmen

$$\boxed{C_s - C_n = \frac{v T_c}{4\pi}\left(\frac{d\mathcal{H}_c}{dT}\right)^2_{T=T_c}} \qquad (8.67)$$

(Rutgers-Formel) .

Diese Beziehung zwischen messbaren Grössen ist experimentell gut erfüllt.

Der Sprung $c_s - c_n$ ist in der Fig. 8.5 zu sehen.

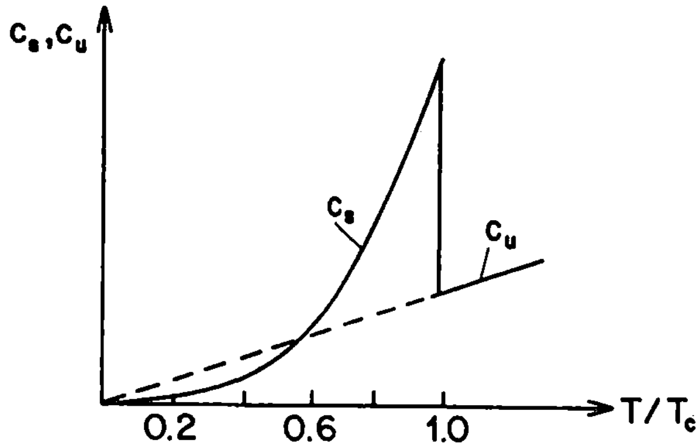

<u>Fig. 8.5</u> Unstetigkeit der spezifischen Wärme

Integrieren wir (8.66) längs der kritischen Kurve von $T = 0$ bis T_c, so erhalten wir mit partieller Integration

$$\int_0^{T_c}(c_s - c_n)dT = \frac{v}{4\pi}\int T\,d\left(\mathcal{H}_c\frac{d\mathcal{H}_c}{dT}\right)_{\text{kritische Kurve}}$$

$$= \frac{v}{4\pi}T\mathcal{H}_c\frac{d\mathcal{H}_c}{dT}\Big|_{T=0}^{T=T_c} - \frac{v}{4\pi}\int_0^{T_c}\mathcal{H}_c\frac{d\mathcal{H}_c}{dT}\,dT.$$

Der erste Term rechts verschwindet und wir erhalten

$$\frac{1}{8\pi}\mathcal{H}_c^2(T=0) = \frac{1}{v}\int_0^{T_c}(c_s - c_n)dT. \qquad (8.68)$$

Dies gestattet es, das kritische Feld bei T = 0 aus den spezifischen
Wärmen zu bestimmen. Das ist ein hübsches Beispiel für einen nicht-
trivialen thermodynamischen Zusammenhang.

Für konstantes v_s erhalten wir aus (8.59)

$$g_s(T,p,\mathcal{H}) = g_s(T,p,0) + v_s \frac{1}{8\pi}\mathcal{H}^2. \qquad (8.69)$$

Deshalb gilt mit (8.58) und (8.60) für alle $\mathcal{H} < \mathcal{H}_c$:

$$\boxed{g_s(T,p,\mathcal{H}) - g_u(T,p,\mathcal{H}) = v_s \frac{1}{8\pi}(\mathcal{H}^2 - \mathcal{H}_c^2(T,p))}. \qquad (8.70)$$

(Gorter, Casimir, 1934).

Dies zeigt, dass der Suprazustand für $\mathcal{H} < \mathcal{H}_c$ <u>stabil</u> ist. Experimentell ist $\mathcal{H}_c$ für Aluminium bei T = 0 gleich 105 Gauss, so dass dort
der Unterschied der freien Enthalpie für $\mathcal{H}$ = 0 ungefähr 440 erg/cm^3
beträgt $^{*)}$.

Vom mikroskopischen Standpunkt stellt die Supraleitung ein
schwieriges Vielteilchenproblem dar, welches im Jahre 1957 durch Bar-
deen, Cooper und Schrieffer einigermassen befriedigend gelöst wurde
(BCS-Theorie; vgl. die letzte Fussnote). Es lohnt sich, bei Gelegen-
heit eine Vorlesung über Supraleitung zu hören.

$^{*)}$ Pro Atom gerechnet, ist dies nur etwa 10^{-7} eV. Dies zeigt, dass
eine mikroskopische Theorie auf einem "intermediären Niveau"
einsetzen muss, denn es ist unmöglich, auf der Basis von ersten
Prinzipien die erforderliche Genauigkeit zu erreichen.

9. Gleichgewichte in äusseren Feldern

Wir betrachten zunächst als Beispiel einen im Erdfeld stehenden senkrechten Zylinder (vgl. Fig. 9.1). Ohne die Verhältnisse sonst zu ändern, trennen wir aus diesem zwei schmale Volumina in verschiedener Höhe ab, die von dem übrigen Gas getrennt, durch eine Kapillare miteinander verbunden sind. Jedes dieser Volumina V' und V" , die je

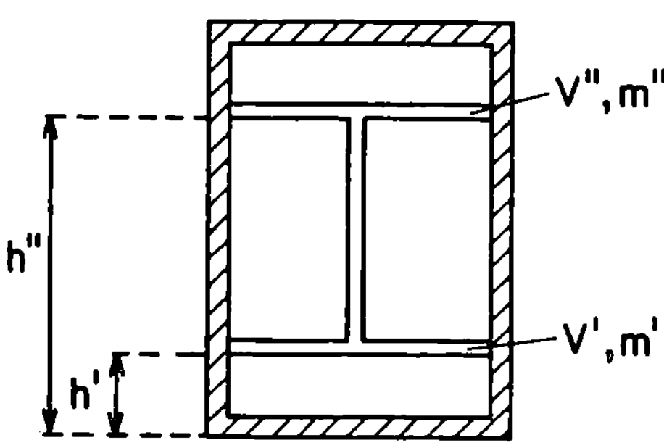

Fig. 9.1

einer Höhe h' und h" zugeordnet sind, sei konstant. Die vollständige freie Energie dieses Gesamtsystems (mit Massen m',m") ist

$$F = F' + F'' = F_0' + m'g h' + F_0'' + m''g h''.$$

$$(9.1)$$

Wir haben die vollständige freie Energie der Einzelsysteme in Anteile F_0' , F_0'' und die potentiellen Energien aufgeteilt. Bei festen Volumina und konstanter Temperatur ist

$$dF = dF' + dF'' = \mu' dN' + \mu'' dN''.$$

$$(9.2)$$

Im Gleichgewicht verschwindet dF unter der Nebenbedingung dN' + dN" = 0 , d.h. es gilt

$$\mu' = \mu''.$$

Die allgemeine Gleichgewichtsbedingung lautet deshalb

$$\boxed{\mu = \text{const.}}$$

$$(9.3)$$

Ist allgemeiner $\varphi(\underline{x})$ die potentielle Energie pro Mol in einem Schwerefeld, so ist

$$F = F_0 + N\varphi(\underline{x})$$

$$(9.4)$$

die vollständige freie Energie, wenn F_0 die freie Energie (bei gleichem Volumen und gleicher Temperatur) im fehlenden Feld ist. Aus (9.4)
folgt

$$\boxed{\mu = \mu_0 + \varphi(\underline{x})}$$

$$(9.5)$$

wobei μ_0 das chemische Potential bei __fehlendem__ Feld bezeichnet. Es
gilt also

$$\boxed{\mu_0 + \varphi(\underline{x}) = \text{const.}}$$

$$(9.6)$$

Die Gleichgewichtsbedingungen in einem äusseren Feld könnte man natürlich, wie auf S. 39 , mit der Entropie formulieren. (Dann würde zusätzlich T = const folgen.)

Wenn das äussere Feld ein elektrisches Feld ist, so nennt man
die Grösse (9.5) das __elektrochemische Potential__. Dieses spielt bei
elektrochemischen Problemen eine wichtige Rolle. (Für eine erste Einführung siehe §18 in Bd. V von Sommerfeld.)

Wir wenden (9.6) auf ein homogenes Schwerefeld an. Dafür ist
φ = mg.z (m die Masse eines Mols, g die Schwerebeschleunigung, z
die vertikale Koordinate). Differenzieren wir Gl. (9.6) nach der Koordinaten z bei konstanter Temperatur, so erhalten wir

$$\underbrace{\left(\frac{\partial \mu_0}{\partial p}(T,p) \right)}_{v:\ \text{spezifisches Volumen}}{}_T \frac{dp}{dz} = -mg \ ,$$

oder

$$\frac{dp}{dz} = -\rho g \ ,$$

$$(9.7)$$

wobei $\rho = \frac{m}{v}$ die Dichte des Gases ist. Dies ist die bekannte __hydro-
statische Gleichgewichtsgleichung.__

Für ein ideales Gas $p(z) = \frac{RT}{v}$ gilt für T = const

$$\frac{dp}{dz} = -\frac{mp}{RT} g \ .$$

$$(9.8)$$

Daraus folgt

$$\ln p = -\frac{mg}{RT} z + \ln p_0 \ ,$$

oder

$$p = p_0\, e^{-mgz/RT}.$$

(9.9)

Aus (9.8) entnehmen wir noch die Druckskalenhöhe

$$-\frac{d}{dz}\ln p =: \frac{1}{\lambda_p} \quad , \quad \lambda_p = \frac{RT}{mg}.$$

(9.10)

Schätze diese für einen Neutronenstern ab.

*   *   *

U E B U N G S A U F G A B E N

1. Man betrachte für ein Gas eine Zustandsgleichung der Form (Anfang der Virialentwicklung):

$$p = RT \left[\frac{N}{V} + \left(\frac{N}{V}\right)^2 B(T)\right].$$

Die Wärmekapazität habe die Gestalt

$$C_V = \frac{3}{2} NR + NR \frac{N}{V} f(T)$$

a) Drücke $f(T)$ im 2. Term für C_V durch $B(T)$ aus.

Ferner zeige man, dass $\left(\frac{\partial U}{\partial V}\right)_T$ nicht Null ist.

b) Berechne $S(T,V)$ und $U(T,V)$.

c) H, F und μ sind als Funktionen von T und V zu berechnen.
   (F ist damit in den "richtigen" Variablen bestimmt.)

2. Schreibe mit Hilfe der graphischen Gedächtnisstütze (p. 46 -) alle Gleichungen in der Zeile zum Gibbsschen Potential von Tabelle I (p. 45) auf.

3. Bei Gültigkeit der Strahlungsformel $U/V = \beta T$, $\beta = $ const $(p = \frac{1}{3} U/V)$ wäre es möglich, ein perpetuum mobile 2. Art zu konstruieren:

   a) Zeige, dass die Differentialform ω/T nicht exakt ist.

   b) Suche eine Funktion $f(T)$, so dass $f(T) \omega$ exakt ist.

   c) Wie gross wäre der Wirkungsgrad für einen Carnot-Prozess?
      (Benutze dazu, dass $\oint f(T)\omega = 0$ ist.)

4. (Der Satz von der maximalen Arbeit). Wir betrachten eine Zustandsänderung eines Systems Σ von einem Zustand 1 mit vorgegebener Temperatur T_o in einen Zustand 2 derselben Temperatur. Der Uebergang braucht nicht isotherm zu erfolgen, aber Σ soll mit seiner Umgebung (Reservoir) nur bei der Temperatur T_o Wärme austauschen.

   a) Drücke für eine <u>reversible</u> Zustandsänderung die vom System abgegebene Arbeit durch die Aenderung der freien Energie von Σ aus.

   b) Zeige, dass im irreversiblen Fall die abgegebene Arbeit kleiner ist als in a).

Auf dem Resultat dieser Uebung beruht die Helmholtzsche Bezeichnung "freie Energie".

5. Ehrenfestsche Gleichungen für Phasenübergänge zweiter Art

Bei Phasenumwandlungen zweiter Art wird vom betrachteten Stoff weder Wärme aufgenommen noch abgegeben und sein spezifisches Volumen ändert sich nicht. Dagegen weisen die spezifische Wärme c_p , der Ausdehnungskoeffizient α und die Kompressibilität $\varkappa$ Sprünge auf. Zeige, dass an Stelle der Clausius-Clapeyronschen Gleichung die folgenden Gleichungen von Ehrenfest gelten:

$$c_p = T \frac{dp}{dT} \Delta \left(\frac{\partial v}{\partial T}\right)_p \; ,$$

$$\Delta \left(\frac{\partial v}{\partial T}\right)_p = - \frac{dp}{dT} \Delta \left(\frac{\partial v}{\partial p}\right)_T \; ,$$

d.h.

$$\left| \quad \frac{dp}{dT} = \frac{1}{vT} \; \frac{\Delta c_p}{\Delta \alpha} = \frac{\Delta \alpha}{\Delta \varkappa_T} \quad \right. .$$

6.

Häufig wird der Vorgang des Schlittschuhlaufens wie folgt erklärt: Da die Schlittschuhkufen einen grossen Druck auf das Eis ausüben, schmilzt es unterhalb 0^oC ; es entsteht ein flüssiges "Schmiermittel", worauf das leichte Rutschen der Schlittschuhkuven zurückzuführen ist.

Zeige mit Hilfe der Clausius-Clapeyronschen Gleichung, dass diese "Erklärung" unhaltbar ist. Dazu benutze man die folgenden Zahlen: Bei 0^oC ist

$$v_{Eis} = 1.091 \; cm^3/g$$

$$v_{Wasser} = 1 \; cm^3/g$$

Umwandlungwärme $L = 80$ cal/g

$(1 \; cal = 41.3 \; atm \; cm^3)$

7.

Aus Tabellen (J.H. Keenan, et al., "Steam Tables", Wiley + Sons, 1969) entnimmt man folgende Daten:

	99	100	101
Sättigungstemperatur (^{o}C)	99	100	101
Sättigungsdruck (Bar)	0.9778	1.0135	1.0502
$v_{flüssig}$ (cm^3/g)	1.0427	1.0435	1.0443
v_{gas} (cm^3/g	1729.9	1672.9	1618.2

Bestimme die ungefähre Verdampfungsenthalpie für Wasser bei 100°C und vergleiche das Resultat mit dem tabellierten Wert 2257.0 Joule/g.

8. Die Zustandsgleichung des Dietrici-Gases für 1 Mol lautet

$$p = \frac{RT}{v-b}\, e^{-a/RTv} \qquad , \quad a,b: \text{ Konstanten } .$$

a) Man bestimme die kritischen Werte v_c , T_c und p_c .

b) Schreibe die Zustandsgleichung auf die reduzierten Grössen um.

c) Bestimme die Inversionskurve in reduzierten Grössen.

9. In einem offenen Gebiet des $\mathbb{R}^2$ sei eine Differentialform der Gestalt

$$\omega = dx + N(x,y)\, dy$$

gegeben. Zeige, dass diese einen integrierenden Nenner hat.

__Anleitung:__ Imitiere den Beweis von Satz 1 auf S. 51 . Ziehe insbesondere in einer Umgebung von (x^*,y^*) die Transformation

$$\varphi(u,y) = (F(u,y),y)$$

mit

$$\frac{\partial F}{\partial y} = - N \circ \varphi \ , \quad F(u,y^*) = u$$

heran. (Für festes u erfüllt also $F(u,y)$ die gewöhnliche Differentialgleichung $\frac{dx}{dy} = - N(x,y)$.)

10. __Entmischung im Schwerefeld__ (nach E. Schrödinger)

__Vorbemerkungen:__ Wenn ein Schwerefeld umgekehrt zur z-Richtung gegeben ist, so gilt

$$- \frac{dp}{dz} = \rho g = \frac{M}{V} g = \frac{M}{RT} g\, p .$$

Unter der Annahme $T(z) = \text{const}$ hat diese Differentialgleichung die Barometerformel

$$p = p_0\, \exp\left(- \frac{M}{RT} g\, z\right)$$

als Lösung (siehe auch III.9.9)). Daraus folgt

$$\rho = \rho_0\, \exp\left(- \frac{M}{RT} g\, z\right) . \qquad\qquad (1)$$

Dieser Effekt kann (an Stelle von semipermeablen Wänden) zur Trennung zweier Gase benutzt werden, wenn diese verschiedene Molgewichte M und M' haben. Dazu betrachten wir die Anordnung in der folgenden Figur, in welcher V_0 das Volumen der ursprünglichen

Mischung bezeichnet.

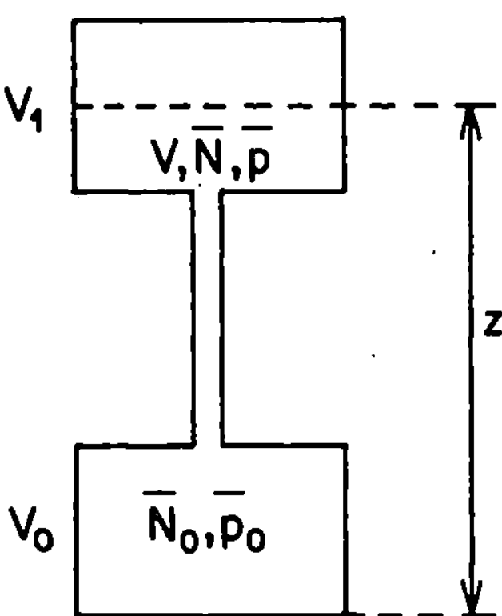

a) Man überzeuge sich zunächst, dass für $M' < M$ die folgenden Bedingungen erfüllt werden können:

$$\exp\left(\frac{M}{RT} gz\right) \gg \frac{V_1}{V_0} \gg \exp\left(\frac{M'}{RT} gz\right) \, , \tag{2}$$

$$(M-M')\, gz \gg RT \, , \tag{3}$$

und dass unter diesen das leichte Gas durch ein (dünnes) Steigrohr
nach V_1 steigt und das schwere in V_0 unten bleibt.

b) Berechne als nächstes die Arbeit, die bei der Trennung geleistet
wird. In guter Näherung lautet das Resultat

$$A = p'_0 \, V_0 \, \left(\ln \frac{V_1}{V_0} - \frac{M'}{RT} gz\right) \, , \tag{4}$$

wobei p'_0 der Partialdruck des leichten Gases in der Mischung in
V_0 ist.

c) Nun bringe man das Volumen V_1 auf die gleiche Höhe wie V_0 und
verändere danach das Volumen V_1 isotherm auf das Volumen V_0 .
Zeige, dass die total geleistete Arbeit gleich <u>Null</u> ist.

Da beim ganzen Trennungsprozess auch keine Wärme zugeführt wurde,
bleibt die Entropie konstant. Die Entropie der Mischung im Volumen
V_0 ist deshalb bleich der Summe der Entropien, welche die einzelnen Gase im Volumen V_0 haben. Damit erhalten wir wieder die Gl.
(III.6.12).

11. **Wärmeabgabe beim Lösungsprozess** (für verdünnte Lösungen)

Zeige, dass bei der Lösung von N Molen des gelösten Stoffes bei festen (p,T) die Wärme

$$Q = NRT^2 \left(\frac{\partial \ln c_o}{\partial T}\right)_p$$

aufgenommen wird. Dabei ist c_o die Konzentration der gesättigten Lösung (der Lösung, die im Gleichgewicht mit dem reinen zu lösenden Stoff ist).

Anleitung: Berechne zuerst die Aenderung δG der gesamten freien Enthalpie von Lösung und zu lösendem Stoff bei der zusätzlichen Lösung von δN Molen des gelösten Stoffes und benutze sodann

$$\delta Q = \delta H \ , \qquad H = -T^2 \left(\frac{\partial}{\partial T}\frac{G}{T}\right)_p \ .$$

12. Zeige, dass im Gleichgewicht von atomarem und molekularem Wasserstoff bei einer vorgegebenen Temperatur die Konzentration des atomaren Wasserstoffs proportional zur Wurzel der Konzentration des molekularen Wasserstoffs ist. Mache eine ähnliche Aussage für die Konzentration der Elektronen im Ionisationsgleichgewicht von Wasserstoff.

13. Man betrachte eine paramagnetische Substanz im homogenen äusseren Magnetfeld $\mathcal{H}$ mit der inneren Energie $U = Na \cdot T^4$ (a = const.) und der Gesamtmagnetisierung $M = ND\mathcal{H}/T$ (D: Curie-Konstante). Der Beitrag $-pdV$ sei in der reversiblen Arbeit vernachlässigbar.

a) Berechne $S(T,M,N)$, $S(T,\mathcal{H},N)$ und das chemische Potential $\mu(T,\mathcal{H})$.

b) Bestimme die Magnetisierungwärme bei T_1 , wenn das Feld von 0 auf $\mathcal{H}_1$ zunimmt.

c) Wie gross ist die Aenderung der Temperatur, wenn anschliessend das Feld adiabatisch (reversibel) von $\mathcal{H}_1$ auf 0 gesenkt wird ?

14. Gegeben sei ein ideales paramagnetisches Gas im homogenen äusseren Magnetfeld $\mathcal{H}$ mit den Zustandsgleichungen

$$p = \frac{NRT}{V} \ , \qquad \mathcal{H} = \frac{TM}{ND} \ .$$

Ferner sei die Wärmekapazität bei konstantem V und M

$$C_{V,M} = \frac{3}{2} NR \ .$$

Gesucht sind

$$S(T,V,M) \, , \, U(T,V,M) \, , \, C_{p,M} \, , \, C_{p,\varkappa} \, , \, C_{V,\varkappa} \quad .$$

15. Man bestimme die Aenderung der Konzentration mit der Höhe für eine Lösung im Schwerefeld.

    <u>Anleitung:</u> Benutze (III.9.6), (III.6.29) und (III.6.31).

16. Das Newtonsche Potential φ eines Sternes genügt der Poisson-gleichung

$$\Delta\varphi = 4\pi\, G\, \varrho \tag{1}$$

    (ϱ : Materiedichte, G: Newtonsche Gravitationskonstante).

    Benutze in der Bedingung für das thermische Gleichgewicht für Teilchen der Masse m (z.B. Elektronen in einem weissen Zwerg) die Gl. (1) und leite daraus die folgende Gleichung für einen sphärisch symmetrischen Stern ab:

$$\frac{1}{r^2} \frac{d}{dr} \left(\frac{r^2}{\varrho(r)} \frac{dp}{dr} \right) = -\, 4\pi\, G\, \varrho(r) . \tag{2}$$

    (Kennen wir auch die Zustandsgleichung $p(\varrho)$ für $T = 0$, so ist damit die Sternstruktur bestimmt.)

L I T E R A T U R V E R Z E I C H N I S

1. Mathematische Hilfsmittel

Bröcker, T.: Analysis in mehreren Variablen,
        Teubner Studienbücher (1980)

Fleming, W.: Functions of Several Variables, Springer (1977)

2. Lehrbücher über Klassische Thermodynamik

Adam, G., Hittmair, O.: Wärmetheorie, Vieweg (1978)

Becker, R.: Theorie der Wärme, Springer (1975)

Callen, H.B.: Thermodynamics, J.Wiley + Sons, New York (1960)

Huang, K.: Statistische Mechanik I-III, B.I.
        Hochschultaschenbücher Bd. 68-70

Jelitto, R.J.: Theoretische Physik, Band 6, Thermodynamik und
        Statistik, AULA-Verlag Wiesbaden (1985)

Kittel, Ch.: Physik der Wärme, Oldenburg Verlag, München, Wien (1973)

Kubo, R.: Thermodynamics, North Holland Publishing Company (1968)

Landau, L.D., Lifschitz, E.M.: Lehrbuch der Theoretische Physik,
        Band V, Statistische Physik Teil 1, Akademie-Verlag (1979)

Ludwig, G.: Einführung in die Grundlagen der Theoretischen Physik,
        Band 4, Vieweg (1979)

Pauli, W.: Pauli Lectures in Physics, Vol. 3, Thermodynamics and
        the Kinetic Theory of Gases, ed. C.P. Enz, MIT Press (1973)

Pippard, A.B.: Classical Thermodynamics, Cambridge University Press
        (1966)

Planck, M.: Thermodynamik, Walter de Gruyter + Co. (1964)

Reif, F.: Fundamentals of statistical and thermal physics,
        McGraw-Hill Book Company (1965)

Rieckers, A., Stumpf, H.: Thermodynamik, Bd. 2, Vieweg (1977)

Sommerfeld, A.: Thermodynamik und Statistik,
Akademische Verlagsgesellschaft Leipzing (1962)

Stumpf, H., Rieckers, A.: Thermodynamik, Bd. 1, Vieweg (1976)

Tisza, L.: Generalized Thermodynamics, M.I.T. Press, Cambridge, Mass.
(1966)

Weidlich, W.: Thermodynamik und statistische Mechanik,
Akademische Verlagsgesellschaft, Wiesbaden (1976)

3. Im Text zitierte Artikel

Jauch, J.-M.: Analytical Thermodynamics,
Foundations of Physics, $\underline{5}$, 111 (1975)

Wightman, A.S.: Einführung zum Buch: "Convexity in the Theory of
Lattice Gases", by R.B. Israel, Princeton University Press
(1979)

4. Historisches

Caratheodory, C.: Untersuchungen über die Grundlagen der Thermodynamik, Math.Ann. $\underline{67}$, 355-386 (1909)

Clausius, R.: Ueber die bewegende Kraft der Wärme, Ostwalds Klassiker
Nr. 99, Leipzig, Akademische Verlagsgesellschaft 1921

Clausius, R.: The Mechanical Theory of Heat,
Macmillan and Co, London (1879)

Gibbs, J.W.: The Collected Works of J. Willard Gibbs, Vol. I:
Thermodynamics. Yale University Press, New Haven (1928)

Helmholtz, H.: Vorlesungen über theoretische Physik, Bd. 6,
Leipzig (1922)

Kirchhoff, G.: Vorlesungen über mathematische Physik, Bd. 4,
Leipzig (1894)

Mach, E.: Die Prinzipien der Wärmelehre, Leipzig (1896)

Maxwell, J.C.: Theory of Heat, D. Appleton, N.Y. (1875)

Mayer, R.: Die Mechanik der Wärme, Stuttgart (1893)

Nernst, W.: Die theoretischen und experimentellen Grundlagen des
neuen Wärmesatzes, Verlag Knapp, Halle (1924)

Für eine Sammlung der wichtigsten Arbeiten zum zweiten Hauptsatz,
siehe

<u>Kestin, J.:</u> Second Law of Thermodynamics
        Dowden, Hutchinson + Ross, Inc., Stroudsburg (1976)

S A C H W O R T V E R Z E I C H N I S

Abbildung 5
      -, induzierte 6
abgeschlossenes System 17, 20, 21, 95
absolute Normierung der Entropie 100
      - Temperatur 24,25,30,31,56-58
absoluter Nullpunkt 100,102,114
absolutes Minimum 10
Additivität der Entropie 35-37
      - der induzierten Abbildung 6
      - der inneren Energie 35
      - der Partialdrucke 87
      - von Differentialformen 25,53
Adiabate 50,52,66
      - der Hohlraumstrahlung 66
adiabatisch 17,31,37,52,53,68,113
      - abgeschlossenes System 17,20,21
adiabatische Entmagnetisierung 112,114
      - Entmischung 86,87,125
      - Expansion 27
      - Kompression 27
      - Kompressibilität 59
      - Magnetisierung 112
      - Suszeptibilität 112
      - Unerreichbarkeit 53
      - Trennwand 17,19,21,23
adiabatischer Weg 50,51
Aequivalenzrelation 19
äusseres Feld 38,111,115,120,121,127
Aggregatszustand 88,100
Ammoniakerzeugung 98
analytische Herleitung des 2.HS. 50
Antikatalysator 96
Arbeit 17,20-24,26,32-35,50,53,86,103-106,108,110,123,126,127
Arbeitskoeffizient 24
Arbeitskoordinate 24,50-54
Arbeitsmedium 28
Arbeitsprozess 20,21
Arbeitsreservoir 109
Ausdehnungskoeffizient 59,75,101,124

Barometerformel 125
binäres System 91

Caratheodory, Prinzip von 53
Carnot 25
      -, Satz von 28,30
Carnot-Maschine 26,28-32,58,123
Carnotscher Kreisprozess 26,27,102
chemische Reaktion 43,82,95,100
chemischer Prozess 34
chemisches Gleichgewicht 95-98,100

Lecture Notes in Physics